U0301394

压缩空气储能技术与发展

YASUO KONGQI CHUNENG JISHU YU FAZHAN

王富强　武明鑫　李鹏　李双江　等◎编著

·北京·

图书在版编目（CIP）数据

压缩空气储能技术与发展 / 王富强等编著. --北京：中国经济出版社，2024.3

ISBN 978-7-5136-7611-3

Ⅰ. ①压… Ⅱ. ①王… Ⅲ. ①压缩空气-储能-应用-发电-研究 Ⅳ. ①TM61

中国国家版本馆 CIP 数据核字（2024）第 000331 号

审图号：GS 京（2023）2364 号

策划编辑 姜 静
责任编辑 李玄璇
责任印制 马小宾
封面设计 任燕飞工作室

出版发行 中国经济出版社
印 刷 者 北京艾普海德印刷有限公司
经 销 者 各地新华书店
开　　本 710mm×1000mm 1/16
印　　张 14
字　　数 206 千字
版　　次 2024 年 3 月第 1 版
印　　次 2024 年 3 月第 1 次
定　　价 98.00 元
广告经营许可证 京西工商广字第 8179 号

中国经济出版社 **网址** www.economyph.com **社址** 北京市东城区安定门外大街 58 号 **邮编** 100011
本版图书如存在印装质量问题，请与本社销售中心联系调换（联系电话：010-57512564）

编　委　会

内容简介

压缩空气储能技术被认为是目前最具发展潜力的大规模新型储能技术之一，其突出特点是能够适应大规模、长时储能需求，同时具有选址相对灵活、建设工期短的优势，被视为抽水蓄能的重要补充。《“十四五”新型储能发展实施方案》要求，到2025年新型储能系统由商业化初期步入规模化发展阶段，新型储能核心技术装备自主可控水平大幅提高，其中百兆瓦级压缩空气储能技术实现工程化应用。

本书通过已投运、在建压缩空气储能电站现场调研，设备厂商调研及资料收集等，对压缩空气储能技术理论、储能系统类型、关键装置、储气库研究情况、项目现状、技术发展趋势等内容进行了收集整理，梳理了压缩空气储能关键技术和存在的问题，研判了未来发展路径，分析了相关政策、商业模式和应用场景，初步提出压缩空气储能领域标准体系框架结构。相关成果对推动压缩空气储能技术发展有一定作用，在实现“双碳”目标和以新能源为主体的新型电力系统建设中具有重要的意义。

>>>前 言 PREFACE

随着全球能源需求的持续增长，传统化石能源的消耗和温室气体排放问题日益突出，加快发展清洁可再生能源已成为全球共识。储能技术可以有效解决间歇性可再生能源大规模接入电网对电力系统安全稳定运行带来的影响，提高电力系统的灵活性和可靠性。在众多储能技术中，压缩空气储能技术被认为是目前最具发展潜力的大规模新型储能技术之一，其突出特点是能够适应大规模、长时储能需求，同时具有选址相对灵活、建设工期短的优势。

近年来，我国高度重视储能技术的研究与应用，在政策支持和市场需求的双重推动下，我国压缩空气储能技术取得了显著发展。特别是非补燃压缩空气储能技术，一步一个脚印，实现了从小规模示范到大规模运行的突破，在规模、成本和效率方面都有了显著的提升。同时，得益于我国世界领先的地下工程设计建造实力，我国在地下储气库建设方面拥有领先优势，更大地扩展了压缩空气储能的选址适用范围。通过技术创新引领产业发展，压缩空气储能行业具备广阔的发展空间。

水电水利规划设计总院（以下简称总院）作为全球清洁能源领域行业的引领者和推动者，始终致力于助力绿色低碳、安全高效的现代能源体系建设。自2015年二连浩特可再生能源微电网示范项目起，总院即开始投入新型储能与新能源项目规划设计研究与规划设计评审工作。在压缩空气储能领域，总院持续投入科技研发、示范项目、标准化等工作，不断推动压缩空气储能商业化、市场化健康发展。

本书的合作单位中国电建集团中南勘测设计研究院有限公司、中国电建集团河北省电力勘测设计研究院有限公司，都是较早开展压缩空气储能电站设计建设的企业，在系统集成、地下库设计方面均拥有丰富的经验和领先的技术，其专业知识和实践经验为本书提供了宝贵的参考和指导。

编者希望本书的出版能为压缩空气储能技术的发展和应用提供有益的参考，推动我国储能产业的持续健康发展。同时，我们也期待与国内外同行进行广泛交流与合作，共同为应对全球气候变化、实现可持续发展做出贡献。最后，编者衷心感谢中国工程院工程热物理研究所、清华大学、中储国能（北京）技术有限公司等单位为本书出版提供的支持，感谢参与本书编写和审稿的专家学者的辛勤付出和无私奉献，感谢本书引用和借鉴的压缩空气储能领域发表文献和研究成果的作者们。由于时间和研究水平所限，书中难免有疏漏和不尽之处，敬请读者指正。

王富民

2024 年 3 月

目 录
CONTENTS

1

概　述

2020年9月，国家主席习近平在第七十五届联合国大会一般性辩论上的讲话提出“中国将提高国家自主贡献力度，采取更加有力的政策和措施，二氧化碳排放力争于2030年前达到峰值，努力争取2060年前实现碳中和”。推动能源绿色低碳转型是落实党中央、国务院碳达峰、碳中和重大战略决策的关键举措。党的二十大报告明确提出，要加快发展方式绿色转型，积极稳妥推进碳达峰、碳中和，深入推进能源革命，加快规划建设新型能源体系。

国务院《2030年前碳达峰行动方案》要求，加快构建新能源占比逐渐提高的新型电力系统，大力提升电力系统综合调节能力，加快灵活调节电源建设，到2025年，新型储能装机容量达到3000万kW以上。

近年来，国家能源局会同相关部门接连出台了《关于促进储能技术与产业发展的指导意见》《关于印发〈贯彻落实《关于促进储能技术与产业发展的指导意见》2019—2020年行动计划〉的通知》《关于加快推动新型储能发展的指导意见》《“十四五”新型储能发展实施方案》《新型储能项目管理规范（暂行）》《关于加强储能标准化工作的实施方案》《关于进一步推动新型储能参与电力市场和调度运用的通知》等一系列政策文件，健全储能技术顶层设计，开展新型储能创新示范，强化统筹评估，因地制宜配建，鼓励科学高效调用，大力加强行业管理，推动新型储能装机规模连年大幅攀升，并呈现出技术多样化发展、性能指标快速进步、建设成本持续下降、应用场景丰富多元等特点。

《关于加快推动新型储能发展的指导意见》提出，到2025年，实现新型储能从商业化初期向规模化发展转变，新型储能技术创新能力显著提高，核心技术装备自主可控水平大幅提升，在高安全、低成本、高可靠、长寿命等方面取得长足进步，标准体系基本完善，产业体系日趋完备，市场环境和商业模式基本成熟，装机规模达3000万kW以上。新型储能将在推动能源领域碳达峰、碳中和过程中发挥显著作用。到2030年，实现新型储能全面市场化发展；新型储能核心技术装备自主可控，技术创新和产业水平稳居全球前列，百兆瓦级压缩空气储能技术实现工程化应用；标准体系、市场机制、商业模式成熟健全，与电力系统各环节深度融合发展，装机规模基本满足新型电力系统相应需求。新型储能成为能源领域碳达峰、碳中和的关键支撑技术之一。

《“十四五”新型储能发展实施方案》提出，到2025年，新型储能由商业化初期步入规模化发展阶段，具备大规模商业化应用条件。新型储能技术创新能力显著提高，核心技术装备自主可控水平大幅提升，标准体系基本完善，产业体系日趋完备，市场环境和商业模式基本成熟。其中，电化学储能技术性能进一步提升，系统成本降低30%以上；火电与核电机组抽汽蓄能等依靠常规电源的新型储能技术、百兆瓦级压缩空气储能技术实现工程化应用；兆瓦级飞轮储能等机械储能技术逐步成熟；氢储能、热（冷）储能等长时间尺度储能技术取得突破。

截至2023年底，中国已建成投运新型储能项目累计装机规模3139万kW。2023年新增装机规模约2260万kW，较2022年底增长超过260%，近10倍于“十三五”末装机规模。新型储能技术包括电化学储能、压缩空气储能、飞轮储能等，其中电化学储能（以锂离子电池为主）具有技术相对成熟、建设工期短等优点，在新型储能新增装机规模中占比98.3%，压缩空气储能装机占比0.5%。由于电化学储能设施尚未形成公认的安全性解决方案，工程项目存在发生火灾、爆炸等安全隐患，相对而言，压缩空气储能具有储能规模大、放电时间长、使用寿命长、安全性较高、热冷电综合利用面广等优点，有必要加强压缩空气储能技术的研发及应用推广，促进新型储能技术健康发展。

1.1 技术背景

根据储能技术的原理及存储形式的差异可将储能系统分为机械储能、

电磁储能、电化学储能、热储能、化学储能等，其中，除抽水蓄能以外的储能方式，统称新型储能。储能技术分类见图 1.1-1。

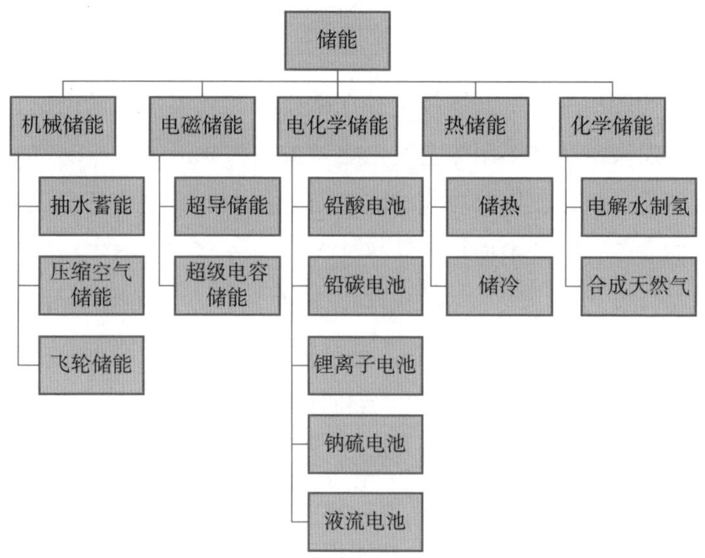

图 1.1-1 储能技术分类

1.1.1 压缩空气储能技术原理

压缩空气储能（Compressed Air Energy Storage，CAES）技术源于燃气轮机，是一种利用压缩空气作为介质来储存能量和发电的技术，是除抽水蓄能以外规模最大的物理储能方式，它可以解决可再生能源的间歇性问题，也可起到电网调峰填谷的作用。目前已有大型电站投入商业运行，具有容量大、寿命长、零碳排等优点，具备市场化、规模化发展的潜力。

1949 年，德国工程师 Stal Laval 提出了传统压缩空气储能技术。系统储能时利用富余的电量（即电力系统用电低谷时段）驱动压气机将空气进行压缩并储存到储气库中；发电时，释放储气室的压缩空气，将高压空气送入燃烧室产生高温、高压燃气，进入燃气透平机中膨胀做功，直接带动发电机发电，供电网使用。储能时，将电能转化为压缩气体的弹性能，由于压缩时间短，空气温度会升高，并且处于高压状态，对储气库密封性要求很高；发电时，高压空气被释放，膨胀做功用于发电，压缩气体的弹性能又转化为电能。由于空气膨胀做功需要吸收热量，传统压缩空气储能技术需要在发电过程中燃烧天然气补热以提高功率。国外已投运的商业运行项目均采用传统压缩空气储能技术，天然气补热后能源转换效率为42%~55%。

为解决传统压缩空气储能技术存在碳排放和环境污染的问题，压缩空气储能逐步发展出非补燃压缩空气储能（或称为先进绝热压缩空气储能）、液化空气储能、超临界压缩空气储能等新型技术。其中非补燃压缩空气储能技术最为成熟，系统中增加了储热装置，充分利用了空气压缩过程中产生的高热量，通过储热装置进行储存，再在高压空气膨胀发电时进行回热，极大地提高了能量利用效率，不再需要燃烧天然气进行补热。由于回收了空气压缩过程的压缩热，系统的储能效率可以得到较大提高，理论上综合能源效率可达到70%；同时，由于用压缩热代替燃料燃烧，系统去除了燃烧室，实现了碳零排放。该系统的主要缺点是，由于添加了储热装置，相比传统的压缩空气储能电站，该系统初期建设成本将增加20%~30%。

非补燃压缩空气储能系统具有效率高、无污染的特点，并可以方便地和太阳能热发电系统结合，是压缩空气储能技术的重要发展方向。液化空气储能系统和超临界压缩空气储能系统将空气在液态下存储，大幅减小储气室的体积，从而摆脱对大型地下储气室的限制，也是压缩空气储能技术的重要发展方向。等温压缩空气储能系统功能灵活，可以用于备用电源、汽车动力和分布式供能系统等，具有一定的应用前景。此外，压缩空气储能技术与可再生能源的耦合系统可以解决可再生能源的间断性和不稳定性问题，是实现风能、太阳能等可再生能源大规模利用的迫切需要。

中国的压缩空气储能技术虽然起步较晚，但非补燃压缩空气技术已处于示范建设的快速发展阶段，现已投运了江苏金坛电站（60MW×5h，电-电转换效率达到61.2%）大型压缩空气储能示范项目，张北100MW级压缩空气储能电站于2022年9月30日首次并网发电，一批100MW~300MW级项目（拟）开工建设。

1.1.2 压缩空气储能技术优缺点及应用

1.1.2.1 压缩空气储能技术优缺点

优点：作为能量型储能技术的压缩空气储能技术，具有建设周期短、容量大、寿命长、运行成本低等优点。

缺点：①传统压缩空气储能技术需要使用化石燃料，有温室气体的排放。②非补燃式压缩空气储能技术热利用仍有不足。在能量储存阶段，空气被压缩时产生压缩热；在释能阶段，透平排气仍具有一定温度，热能利用不足导致系统循环效率较低。③系统 AC-AC 效率较低。额定工况下，压缩空气储能系统 AC-AC 效率仅为 60%左右，而抽水蓄能电站的效率可以达到 70%~80%。

1.1.2.2 压缩空气储能技术应用场景

1）削峰填谷：可利用压缩空气储能系统存储低谷电能，并在用电高峰时释放使用，以实现削峰填谷。

2）平衡电力负荷：压缩空气储能系统可以在几分钟内从启动达到全负荷工作状态，低于普通的燃煤/油电站的启动时间，因此更适合作为电力负荷平衡装置。

3）需求侧电力管理：在实行峰谷差别电价的地区，需求侧用户可以利用压缩空气储能系统储存低谷、低价时段电量在高峰期使用，从而节约电力成本，获得更大的经济效益。

4）应用于可再生能源：利用压缩空气储能系统可以将间歇的可再生能源“拼接”起来，以形成稳定的电力供应。

5）备用电源：压缩空气储能系统可以建在电站或者用户附近，作为线路检修、故障或紧急情况下的备用电源。

6）构建独立电力系统：除用于常规的电力系统之外，压缩空气储能还可用于沙漠、山区、海岛等特殊场合的电力系统。该类场合由于地处偏远或环境恶劣，远距离输电成本很高，采用独立电力系统的供电方式往往更加经济。

1.2 国内压缩空气储能技术及发展

1.2.1 不同技术路线特点

现阶段中国在建、已建及规划、设计的压缩空气储能电站主要应用先进绝热式系统，规模可大可小，可利用场景包括削峰填谷、电源侧可再生能源消纳场景、电网服务场景、用户侧。2014 年中科院和清华大学合作的芜湖 500kW 示范项目投运，实际运行效率 33%；2017 年建成的毕节 10MW 压缩空气储能验证平台效率 60.2%；2022 年江苏金坛 60MW 示范项目已完成建设，设计系统 AC-AC 效率的 60%，2022 年 4 月 30 日首次满负荷储能-发电运行，5 月 26 日正式投产。目前多个单机 100MW 示范项目正在建设，部分 200MW 和 300MW 项目已完成了前期工作，个别项目已开工建设。

等温压缩空气储能技术主要存在储能系统内部空气压力变化较大的问题，可能会使水泵与水轮机超出额定工作范围运行，导致系统效率降低且运行不稳定，现阶段其应用场景主要为用户侧、小型电网。

液化空气储能、超临界压缩空气储能技术和等温压缩空气储能技术仍处于小规模示范阶段。现已建、规划电站规模相对较小，2013 年前后，中国先后投产了同里 500kW 液化空气储能示范项目，以及采用超临界压缩空气技术的廊坊 1.5MW 示范项目，正在开展 50MW 级液化空气储能示范项目的前期工作。国外也正在进行 50MW 示范项目的建设，技术发展水平与我国基本相当。该项技术主要用于用户侧，可提高用户侧电能可靠性，还有一些其他形式，如冷热电联供利用形式。

1.2.2 关键设备研发情况

压缩空气储能相关设备技术相对成熟，通过项目示范建设产业链形成一定基础。压缩空气储能技术的核心设备是压缩机、膨胀机和蓄热回热系统，均属于常用的工业设备，制造厂商包括沈阳鼓风机集团、陕西鼓风机集团、东方汽轮机有限公司、哈尔滨汽轮机厂等。尽管压缩空气储能循环与燃气轮机类似，但压缩机压缩比和膨胀机膨胀比均远高于常规燃气轮机的压缩机和透平机。首先，压缩机方面，现阶段100MW级压缩机基本可以实现国产化，但大规模压缩机的设计制造仍需技术研发，并且压缩机实现单机300MW级仍存在很大难度和瓶颈；其次，换热器对整个系统的效率影响较大，后续可研究通过提升蓄热回热系统的蓄热温度、换热效率，提升系统的整体效率；膨胀机也对系统效率有影响，大型化膨胀机研发难度相对较小，东方汽轮机有限公司为金坛项目研制了首台百兆瓦级膨胀机，哈尔滨汽轮机厂计划为乌兰察布10MW多源蓄热式压缩空气能量枢纽提供相应膨胀机。

压缩空气储能电站单机容量增加，并进一步提高能量效率，继续攻关大排量、高压力、高效率的压缩机和膨胀机，以及研究提高蓄热温度和回热温度等，是实现压缩空气储能技术规模化发展的必然要求。目前已投产的压缩空气电站装机容量为60MW（金坛）、开展带电调试单机容量为100MW（张北），100MW级压缩空气储能电站尚处于示范阶段，实现300MW级仍需进行设备研发、经验积累和技术迭代。中科院工程热物理研究所和能建数科集团将以肥城、应城为基础，开展300MW级压缩空气储能的技术研发和示范应用。中科院工程热物理研究所肥城300MW示范项目将于2024年投产发电，能建数科湖北应城300MW级压缩空气储能电站示范项目已于2022年7月26日开工，也将于2024年投产发电。

1.2.3 多类型地下储气库技术

大规模地下储气库建设技术取得突破，提升了压缩空气储能电站的选址灵活性。为满足储气容量要求，10MW以上的大规模压缩空气储能电站多采用地下储气库。利用地下盐穴是地下储气库建设的一种方案，具有成本低、天然密封性好的优点，但盐岩地层具有地区局限性，且盐岩洞穴需深埋近千米以解决高压运行下的安全稳定问题。中国电建中南院通过试验研究和技术研发，突破了浅埋硬岩大规模地下高压储气库的建造技术，解决了10MPa级高压空气反复加卸载循环作用下地层稳定及高压密封问题，可在岩石条件较好的地区开展地下储气库选址，拓宽了大型压缩空气储能的应用范围。矿道储气库与硬岩区建库类似，洞内改造需采取衬砌、密封等处理措施。

1.3 国内压缩空气储能建设情况及特点

进展较快的大型压缩空气储能项目主要包括江苏金坛、河北张北、山西大同、湖北应城、山东泰安等。已投运项目最大单机60MW，可利用小时数小于5h，实际运行效率33%~60.2%；开展前期工作和在建的项目最大单机300MW，可利用小时数4~8h，设计冷-热-电综合利用效率70%~85%。中国压缩空气储能项目发展具备以下几个特点：

第一，非补燃压缩空气储能项目正处于初期商业化、规模化发展的关键阶段。通过研发示范，非补燃压缩空气储能关键设备、工艺流程、测控系统、地下储气等各项技术均得到有效发展。目前已有中国华能集团、中国长江三峡集团、中储国能公司、中国能建数科集团、国网山东电力公司等企业投资相关业务。各项目结合废弃巷道改造、多能源互补一体化等进行综合利用和设计，位于河北、山西、内蒙古、安徽、山东、湖北等地。已签约项目总装机达4000MW以上，预计未来2~5年投产。

第二，压缩空气储能项目调节性能较好。压缩空气储能电站在建单机容量达100MW，单机300MW设备正在研发，储能时长可达4h以上，调节响应时间为分钟级，初步具备与中小型抽水蓄能电站相当的调节能力和性能。与电化学储能相比，压缩空气储能具备单机规模大、储能时间长、电站寿命长、安全性更高的优势，调节性能也更适用于支撑可再生能源并网和电网辅助服务。

压缩空气储能效率有待进一步提高。目前压缩空气储能技术的电换电效率50%~65%、冷-热-电综合能源的利用效率70%~80%，转换效率仍相对较低、运行成本较高。由于压缩空气储能包括压缩、储气、蓄热/冷、回热/冷、膨胀发电等多个子系统，系统的储能发电效率与各个子系统的能量效率密切相关，需要进一步从工艺设计、设备选型及能源综合利用（图1.3-1）等方面深入研究提高转换效率的可能途径。

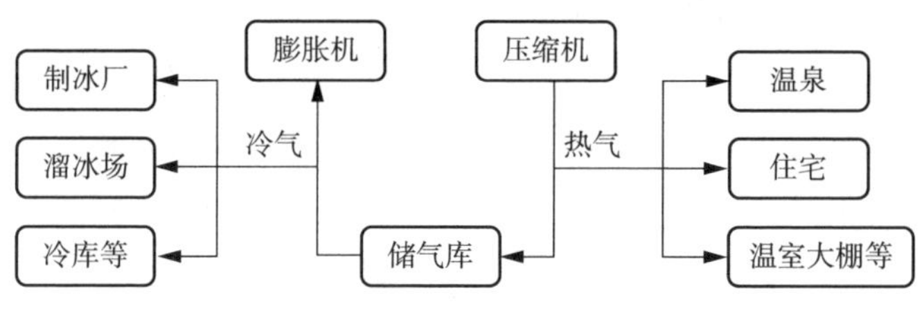

图1.3-1 能源综合利用

提高压缩空气储能效率的主要措施有：①合理确定压缩机和膨胀机级数，②充分换热，③减小压力损失，④提高系统匹配度，等等。

1.4 压缩空气储能技术发展分析

中国压缩空气储能技术经过多年发展，尤其是近年的示范项目建设，在关键技术研发和先进设备产业化方面取得了较好成绩。但是相比抽水蓄能和电化学储能的大规模快速发展，压缩空气储能发展较慢，主要原因是其能量转换效率相对较低、建设和运行成本相对较高等；其能量转换效率在短时间内大幅提升的难度较大。

压缩空气储能装机规模、使用寿命、调节性能等与抽水蓄能电站基本相当，且具有建设周期短、建设征地和环保问题小等优点。随着项目增多和产业发展，压缩空气储能的建设成本不断下降，在特定场景具有较强竞争力，并具备规模化发展的潜力。因此，为推动压缩空气储能高质量规模化发展提出以下三点建议。

一是进一步鼓励压缩空气储能应用场景探索示范。支持各类主体从需求出发，多角度、多维度开展共享储能、云储能等创新商业模式的应用示范；鼓励结合工业园区用能、煤电灵活性改造、退役煤电设备利用、综合能源基地建设等，开展不同应用场景尝试探索，逐步提升压缩空气储能能源综合利用效率。

二是加强系统规划和政策引领。在各地区综合能源规划方面加强压缩空气储能项目布局和规划选点，优先推进电源侧和电网侧压缩空气储能项目建设。借鉴抽水蓄能两部制电价方式，适时开展针对压缩空气储能项目电价机制以及调峰、调频和容量补偿的市场机制的试点研究。

三是加快标准体系建设，加强安全风险防范。以储能系统、储气系统设计建造为核心，研究建立涵盖规划设计、建造验收、运行维护、经济评价等全生命期各方面的压缩空气储能标准体系。尽快完善储气库等安全运行监管标准，规避安全风险。

2

主要工艺及技术路线

2.1 传统补燃式压缩空气储能

2.1.1 原理

通过压缩机压缩空气存储电能，并将压缩空气运输至岩石洞穴、废弃盐洞、废弃矿井或者其他压力容器中；在电网高负荷期间，放出储气库内高压气体，经过燃烧室或换热器加热，升高至一定温度后输送至涡轮膨胀机，将压缩空气的势能转换为膨胀机的机械功输出，驱动发电机发电。补燃式压缩空气储能原理见图 2.1-1。

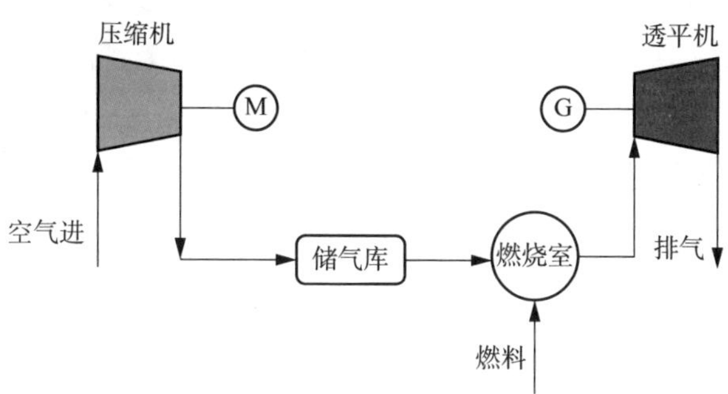

图 2.1-1　补燃式压缩空气储能原理

2.1.2 优劣势分析

可以发现，传统的补燃式压缩空气储能系统存在以下几个方面的问题：

1）补燃式运行依赖于大量的天然气等化石燃料的消耗，排放的气体存在环境污染性，致使全球气候变暖加剧，不符合我国能源结构转型策略与趋势。

2）压缩过程中的压缩热被弃用导致大部分能量损失，相对于抽水蓄能等储能方式，系统循环效率较低。

2.1.3 效率

由美国、德国两个已运行的传统压缩空气储能电站可知，补燃后系统转换效率约40%。

2.1.4 研究方向

化石燃料资源的有限性及其燃烧存在的污染性决定了必须发展可替代清洁燃料或其他储能发电方式。就目前而言，补燃式压缩空气储能中可替代天然气的清洁燃料如氢气，从制备到最终利用尚未形成规模和体系，降低投资成本及燃烧等关键技术仍有待进一步的研究，同时系统效率也有待提高，因此催生了摒弃补燃方式的新型压缩空气储能技术研究。国内机构研究方向主要集中于非补燃式的压缩空气储能。

2.1.5 工程应用

2.1.5.1 德国 Huntorf 电站

1969年，德国计划在北部盐穴地层中建立CAES系统以满足大规模储能的需求。该区域已有大量利用盐腔储存天然气的工程，为CAES电站的建立积累了大量的地质资料与操作经验。德国于1975年开始在Huntorf建造CAES电站，1978年宣布成功商用，Huntorf电站示意见图2.1-2。Huntorf电站以两个盐洞为储气库进行储能，补燃后整体运行效率为42%，平均启动可用率和可靠率分别为90%和99%。

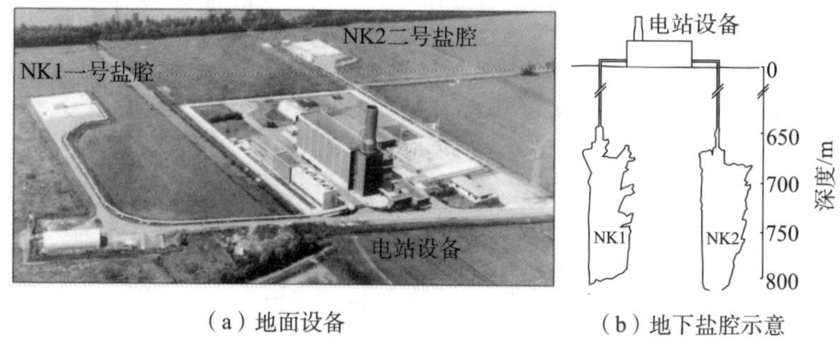

（a）地面设备　　（b）地下盐腔示意

图 2.1-2　Huntorf 电站示意

图片来源：CROTOGINO F，MOHMEYER K U，SCHARF R. Huntorf CAES：more than 20 years of successful operation［C］. Proceedings of the Solution Mining Research Institute（SMRI）Spring Meeting，2001：15-18.

2.1.5.2　美国 McIntosh 工程

在 Huntorf 电站成功运行 13 年后，1991 年美国在亚拉巴马州建立了以盐洞为储气库的 CAES 电站。由于增加了压缩热回收利用装置，McIntosh 电站的整体运行效率提高到 54%，压缩过程和膨胀过程平均启动可靠率分别为 91.2%和 92.1%，运行可用率分别为 96.8%和 99.5%，McIntosh 电站系统示意见图 2.1-3。

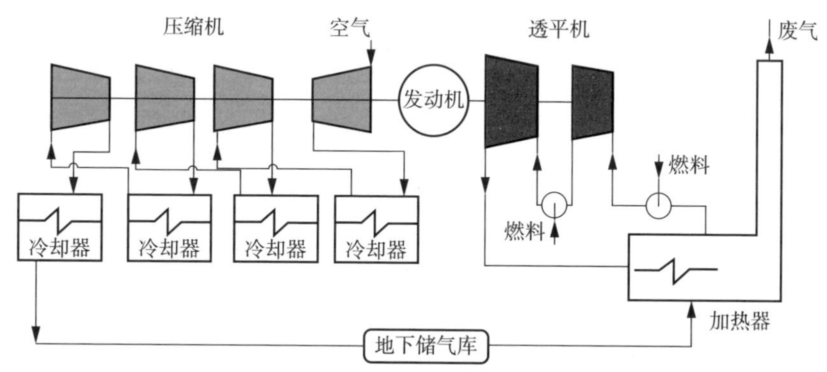

图 2.1-3　McIntosh 电站系统示意

传统压缩空气储能系统中，虽然空气压缩与燃烧膨胀具有一定的相互独立性，但依然相互制约、无法独立对外进行电力输出。有学者在压缩空气储能系统的运行模式上进行了新的尝试，建立双循环压缩空气储能系统，并对其运行模式和效率进行了分析对比。略去空气压缩及储气部分的双循环压缩空气储能流程示意见图 2. 1-4。

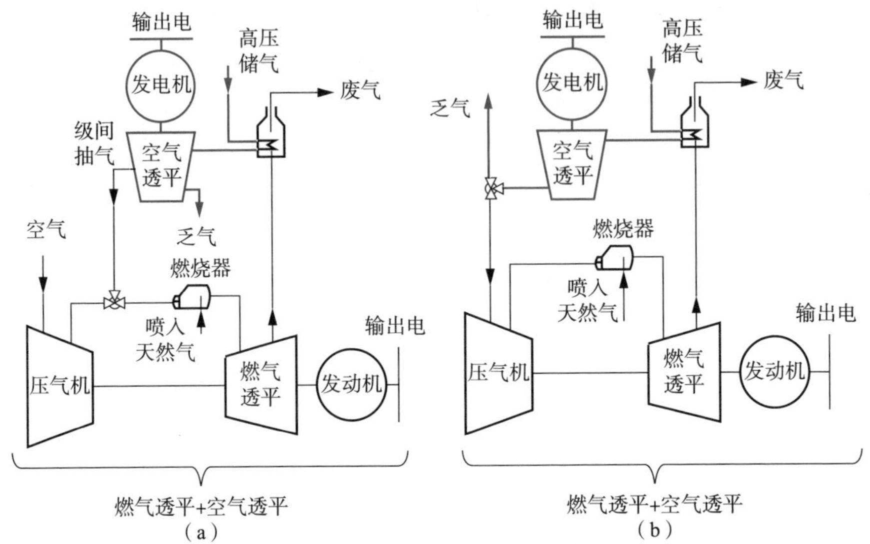

图 2. 1-4　双循环压缩空气储能流程示意（略去空气压缩及储气部分）

图片来源：AKITA E，GOMI S，CLOYD S，et al. The air injection power augmentation technology provides additional significant operational benefits [C]. ASME Turbo Expo 2007：Power for Land，Sea and Air，Montreal，2007.

系统包括燃气循环（黑色部分）和空气循环（蓝色部分）两个耦合单元。在合理的调度之下，空气透平与燃气轮机共同工作可使整个系统的效率达到最高，同时实现削峰填谷的储能作用；而燃气循环单元在储气室气量不足的时候也可以单独运行发电，发挥单纯的补峰作用。根据工艺流程可以看出，上述两种系统非常适于传统燃气电站的节能改造；不同于蒸汽-燃气联合循环，该类型的双循环系统不仅能够充分利用燃气轮机排气的余热，还能以空气透平级间高压抽气或级后低温排气作为燃气轮机中压气机的气源，降低压气机的功耗，并将系统由单纯的补峰转向更为全面的削峰填谷功能。

2.2 非补燃式压缩空气储能

由于传统压缩空气发电系统在膨胀发电环节需要燃烧天然气，对化石燃料的依赖性较强，而且存在环境污染。为了提升压缩空气储能系统的储能效率，降低成本，避免传统压缩空气储能系统面临的上述问题，先后出现了先进绝热压缩空气储能、等温压缩空气储能、液化空气储能、超临界压缩空气储能等新型压缩空气储能技术。新型压缩空气储能发电系统通过引入蓄热回热等技术，摒弃了燃料补燃，减少了环境污染等问题。目前已有的非补燃式压缩空气储能技术综述如下。

2.2.1 绝热压缩空气储能技术

绝热压缩空气储能技术回收压缩过程中的高品质压缩热，用于加热膨胀机进口的压缩空气，最终驱动透平机发电，实现资源的高效利用和碳的零排放。本节将分别对绝热压缩空气储能的工作原理、技术特点、技术路线、系统构成以及国内外示范工程情况进行介绍。

2.2.1.1 工作原理

先进绝热压缩空气储能（Advanced Adiabatic Compressed Air Energy Storage，AA-CAES）系统不需要燃料补燃，是将空气压缩过程产生的大量压缩热进行存储，并在释能过程中，利用存储的压缩热加热压缩空气，然后驱动透平做功。相比于补燃式的传统压缩空气储能系统，由于回收了空气介质压缩过程的压缩热，系统的理论储能效率可达 70%；同时，由于用压缩热代替燃料燃烧，系统去除了燃烧室，实现了碳零排放的要求。绝热压缩空气储能工作原理见图 2.2-1。

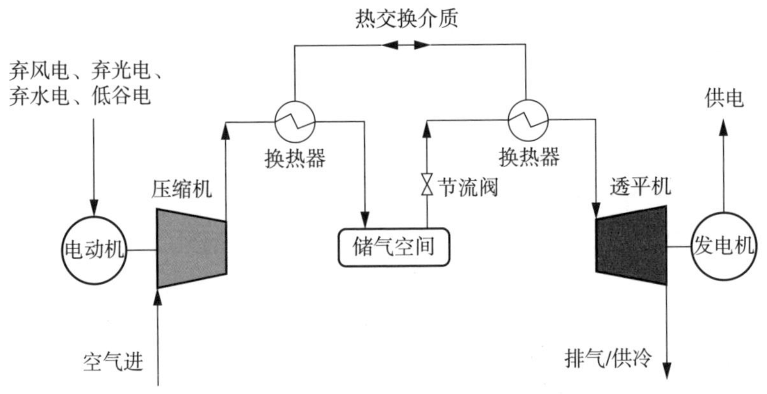

图 2.2-1　绝热压缩空气储能工作原理

2.2.1.2　技术特点

较理想化的高温绝热压缩空气储能技术目前仍难以实现，目前被广泛应用的储热介质，如高温合成导热油 T-66、T-VP-1 等，最高工作温度仅为 350~400℃，因此压缩机出口温度被限制在 400℃以下，意味着获得较高的储气压力需要采用多级压缩机和中间冷却方式。

为保障系统效率，绝热压缩空气储能技术通过回收利用压缩过程中的余热来加热膨胀发电机入口空气，替代补燃，环境友好，提高系统效率。大规模应用时，需将气体存储在洞穴中，储能密度低，需要天然盐穴、人造储气库等条件；由于采用压缩热回收、存储和循环利用技术，效率达到 50%~60%，通过对各关键设备及系统等技术的研发，设计效率预期可达到 70%左右，但存在高压压缩机设计制造和高温储热装置高效取热等技术难点。小规模应用时，可采用管线钢或高压储罐存储，储气压力大（约 10MPa），需要综合衡量成本及安全风险。

该系统的主要优点是：相比于补燃式的传统压缩空气储能系统，该系统的储能效率可达 60%；该系统去除了燃烧室，实现了碳零排放的要求。

该系统的主要缺点是：压缩、膨胀过程能耗较高，大规模压缩机膨胀机储放热，对设备材料要求高。储热装置将增加系统初期建设成本。

2.2.1.3　技术路线

绝热压缩空气储能系统储能时，利用电网中的富余电量或者弃风电、弃光电，驱动空气压缩机压缩空气至高压，然后把高压空气储存在储气装置中，同时利用回热装置收集并存储压缩过程中所产生的压缩热；当电网处于用电高峰时，系统释能，储气装置中的压缩空气经回热系统中存储的压缩热加热后，驱动透平发电。压缩空气储能系统在压缩空气的过程中，会产生大量的热量（即压缩热），绝热压缩空气储能系统正是通过储热装置，回收并存储这部分热量，当透平发电时，再将这部分热量返还给进入透平机的高压空气，提高空气的温度，从而起到与燃烧燃料加热空气类似的作用。

根据空气压缩子系统具体工作模式不同，绝热压缩空气储能技术可进一步分为高温绝热压缩空气储能技术和先进绝热压缩空气储能技术。

（1）高温绝热压缩空气储能

典型的高温绝热压缩空气储能系统中，压缩机组不采用中间冷却，将环境空气直接绝热压缩至 10MPa，温度由环境温度升高至 630℃左右，此时再将高温高压空气进行热、气分离并存储，该技术路线能够使蓄热回热温度达到 600℃以上，因而系统热量品位较高、系统㶲效率较高，需要采用填充床式换热器进行蓄热和回热，高温绝热压缩空气储能系统流程示意如图 2.2-2 所示。高温绝热压缩空气储能系统理论电换电效率不低于 70%，然而正是由于超高压力和超高温度的双重作用，导致系统对设备性能要求极高。

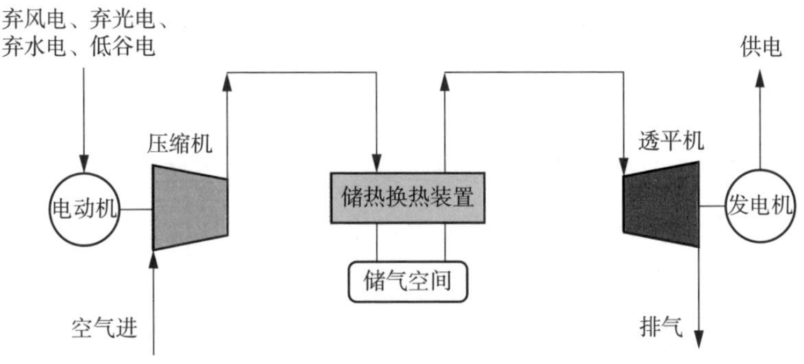

图 2.2-2　高温绝热压缩空气储能系统流程示意

（2）先进绝热压缩空气储能

先进绝热压缩空气储能技术是相对于高温绝热压缩空气储能技术而

言，其先进之处体现在维持较高储能效率时具有技术条件温和、技术可行性和适用性强的优点，其实现技术路径为：采用分段压缩、分段降温蓄热的方式，使压缩机各段排气温度不超过 500℃，如此虽然会牺牲蓄热回热过程中热能品位、增加蓄热系统运行控制难度，但是系统对设备性能的要求已经可以控制在当前加工制造工业水平范围。

先进绝热压缩空气储能系统流程示意如图 2. 2-3 所示。由于采用了流体蓄热技术，使系统的换热深度可控性增强，也使蓄热回热系统的灵活性增强。通过合理的设计和调度，系统可利用蓄热回热系统中存储的压缩热实现对外供热，利用膨胀机的低温排气实现对外供冷，从而实现系统的冷-热-电三联供，因而更具实用价值和推广价值，现阶段已建、在建项目均采用此系统。

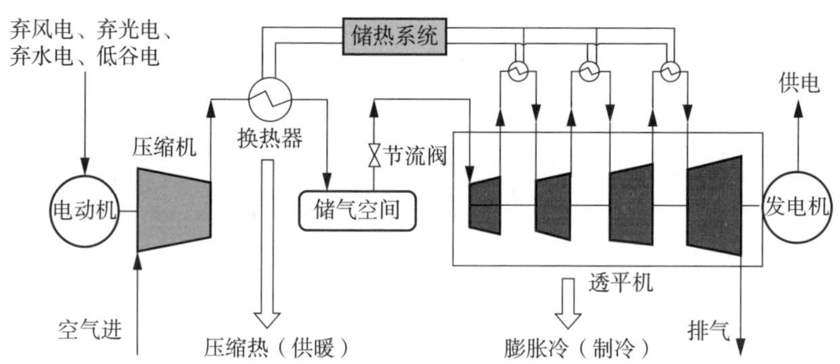

图 2. 2-3 先进绝热压缩空气储能系统流程示意

2. 2. 1. 4 系统构成

绝热压缩空气储能系统主要由压缩子系统、高压储气子系统、蓄热回热子系统以及透平发电子系统等组成。主要设备为压缩机组、膨胀发电机组、储气罐、储热罐、常温储罐和换热器等。

(1) 压缩机

在工业应用中，一般要求压缩机组在某一设定进气流量或排气压力工况下稳定持续工作，且为保障压缩机运行安全和控制压缩机功耗，需要控制排气温度在较低值；而在绝热压缩空气系统中，压缩机组的应用有所不同。

1）对于应用于高温绝热压缩空气储能系统中的压缩机组，应具有以下特点：

①机组背压随储气压力的上升实时变化，空压机组全程工作在非稳态；

②多级压缩过程中不采用任何冷却措施，完成实际意义上的绝热压缩过程并减少热损。

2）对于应用于先进绝热压缩空气储能系统中的压缩机组，应具有以下特点：

①机组背压随储气压力的上升实时变化，空压机组全程工作在非稳态；

②压缩过程为分段压缩、分段冷却，在各段中采用绝热压缩，以实现适当高的排气温度并减少热损；

③要求各段的排气温度相近以方便储热系统的设计和运行。

（2）蓄热回热系统

蓄热回热系统需要在压缩过程中取热并完成蓄热、在膨胀过程中放热并完成回热，因而其基本组成应包括取热设备、蓄热设备和再热设备，同时选取满足系统循环需求的适宜工质。

1）高温绝热压缩空气储能。

高温绝热压缩空气储能系统蓄热回热系统涉及高温和高压条件的叠加，且在高温高压和常温常压状态间频繁循环，对设备的热力性能和机械性能要求高，因而一般选用填充床式换热器。填充床式换热器具有结构简单、换热面积大、热损失小的优点，可采用预应力混凝土结构的大型圆柱储罐作为高压容器，采用石子、陶瓷、混凝土块等作为填充蓄热材料。

填充床式换热器工作原理如图 2.2-4 所示。蓄热时，压缩机组排出的高温高压空气通过填充材料间隙，同时与填充材料换热，热量被存储在填充式蓄热材料中，而空气则降温至常温后被存储；释热时，存储的常温高压空气逆向通过填充材料间隙，同时与填充材料换热，热量由填充式蓄热材料中被回馈给空气。

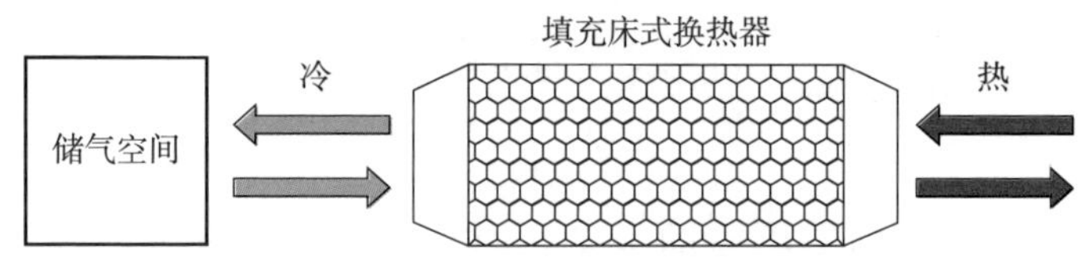

图 2. 2-4　填充床式换热器工作原理

根据填充床式换热器的工作原理可知，其蓄热和释热是被动进行的换热过程，因而在换热器两端的填充材料吸热和放热深度不同，在同一截面上的蓄热材料也会存在吸热和放热深度差异，因而会在很大程度上影响填充床式换热器的换热效果。

2）先进绝热压缩空气储能。

先进绝热压缩空气储能系统中的蓄热回热温度相对较低，因而可选用对流式换热器作为取热设备和放热设备，分别与空气压缩系统、空气膨胀发电系统匹配；选取高效蓄热工质作为循环工质；蓄热设备则使用绝热储罐，一般配置高温和常温两个储罐。根据多级空气压缩机及多级空气透平膨胀机配置，蓄热回热系统的基本框架为：以各级压缩机出口设置换热器作为取热冷却器，以各级膨胀机进口设置换热器作为回热器，同时分别配置高温储罐和常温储罐，储热回热系统如图 2. 2-5 所示。

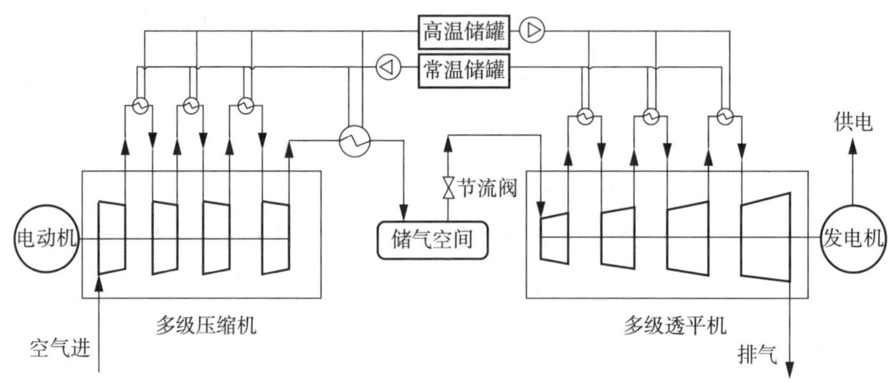

图 2. 2-5　储热回热系统

（3）空气透平膨胀机

在释能过程中，高压空气从储气库中排出，首先进入一级空气透平膨胀机的级前换热器，在换热器中被高温换热介质（如导热油或水等）加热，然后进入第一级空气透平膨胀机中膨胀做功。第一级透平膨胀机的排气进入第二级透平膨胀机的级前换热器，空气在其中再次被加热，然后再进入第二级透平膨胀机中膨胀做功。透平膨胀机可设计为多级膨胀和多级再热以最大限度地利用储热系统中储存的压缩热。空气在末级透平膨胀机中膨胀做功后的乏气排入大气。

空气透平膨胀机为膨胀流程中的关键设备，其高压级选型可以参考背压式汽轮机，低压级可以参考燃气轮机的膨胀部分。

（4）发电机

在 CAES 系统中，空气透平膨胀机通过主轴与发电机连接，带动发电机对外输出电能。发电机为常规成熟设备，具有广泛的应用经验。

（5）储气室

在储能过程中，压缩机将空气压缩至高压，然后储存于储气室内；释能过程中，高压空气从储气室内排出，进入空气透平膨胀机，驱动透平发电机组发电。可用于压缩空气储能系统的储气方式主要有三种：常规压力容器，封闭管线钢，地下空间（如油气层、蓄水层、废弃矿井、天然盐穴、金属矿洞、人造硐室等）。

常规压力容器标准化程度较高，设计和应用均有相关的标准和法规可依循，一般在小型实验系统或示范系统中采用，但应用于兆瓦级以上的系统时将面临高额成本的问题，且大容量压力容器在加工、运输、安装和维护方面均存在不利因素。

封闭管线钢是指用于输送石油、天然气等的大口径焊接钢管用热轧卷板或宽厚板，主要借鉴我国西气东输工程中应用的管线钢管道技术，采用两端封闭的管线钢管道进行储气。管线钢不仅具有较高的耐压强度，还具有较高的低温韧性和优良的焊接性能，目前 X60、X70 和 X80 等级的管线钢均已实现了国产化。采用管线钢储气时，可以采用阵列布置的方式，既可单层布置也可多层布置，应用方便、模块化程度高但成本也较高，管线钢钢管储气方案示意如图 2. 2-6 所示。

图 2. 2-6　管线钢钢管储气方案示意

天然盐穴作为储气库的应用也较为成熟，例如德国的 Huntorf 电站和美国的 McIntosh 电站均采用了地下盐穴作为储气库，我国的西气东输工程也配套了很多地下盐穴作为天然气储气库。盐穴储气库指开采地下盐丘后留下的盐丘空洞，盐穴储气方案示意如图 2. 2-7 所示。由于岩盐具有自愈性，用作储气库时具有极好的气密性。采用盐穴作为储气库具有低成本、大容量、高安全性的优点①，但盐穴为固定资源，应用时需综合考虑输配电距离成本。

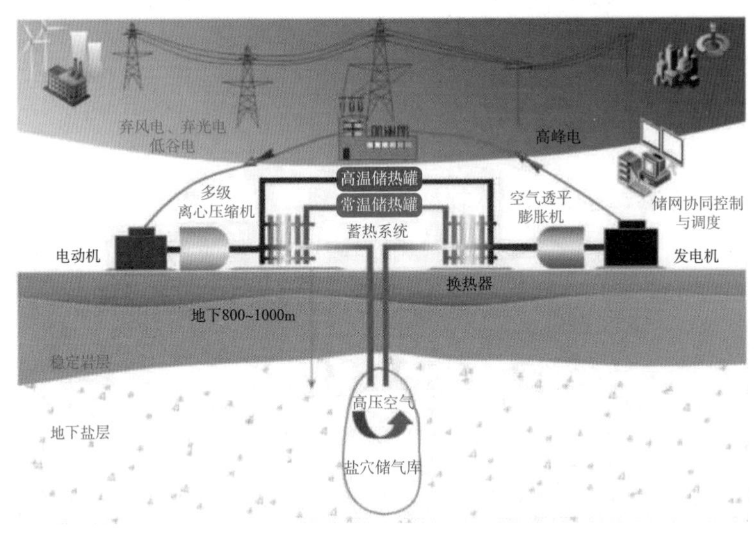

图 2. 2-7　盐穴储气方案示意

图片来源：梅生伟，张通，张学林，等. 非补燃压缩空气储能研究及工程实践［J］. 实验技术与管理，2022，39（5）.

① 杨花. 压气蓄能过程中地下盐岩储气库稳定性研究［D］. 北京：中国科学院研究生院（武汉岩土力学研究所），2009.

人造硐室是目前专门为压缩空气储能技术的应用而新开发的储气设施，目前国内已有多家公司具备完整的建造能力，已有成功的应用业绩，人造硐室在一定程度上使压缩空气储能摆脱了地理环境条件对储气设施的限制。

当空气以高压的形式存储在盐腔中或者管线钢中，其密度相对较小，占地面积较大。其能量密度计算公式为：

$$w=\frac{nNP_f}{3600\ (n-1)}\left[1-\left(\frac{P_a}{P_f}\right)\right]^{\frac{n-1}{nN}} \tag{2.2-1}$$

式中：w——能量密度；

n——压气机的多变系数；

N——压气机级数；

P_a——大气压力；

P_f——末级压力。

由公式（2.2-1）可知，决定其能量密度的主要是末级压力和压气机级数，通过提高末级压力或者压气机级数均可提高能量密度。

2.2.1.5 应用案例

（1）ADELE 项目

德国莱茵电力公司等 2013 年开始建设大规模洞穴式的绝热压缩空气储能电站，项目命名为 ADELE 先进绝热压缩空气储能示范项目[①]，设计容量为 90MW×4h，设计效率为 70%，压缩机排气温度和蓄热温度超过 600℃，是高温绝热压缩空气储能技术路线的典型代表。该项目由德国莱茵电力公司（RWE Power）、通用电气（GE）、旭普林（Züblin）、德国宇航中心（DLR）联合开展，原计划 2016 年底投运，但目前仍处于停滞状态，其面临的最大挑战是如何经济、有效地设计和制造出压力工作范围大的压缩机和高效换热的高温储热装置。ADELE 先进绝热压缩空气储能示范项目示意如图 2.2-8 所示。

① ADELE Isothermal CAES. http：//enipedia. tudelft. nl/wiki/Adele_Isothermal_CAES. Accessed 6 Sep 2016.

早在2010年，上述公司就已经开始对该项目进行可行性研究①。该项目中当风力发电超过需求时，多余能量将通过压缩空气储存在地下洞穴，其间产生的热量将被储存在储热装置内，当电力需求上升时，所存储的压缩空气回收压缩热，再经膨胀机发电。这种高温绝热技术可以显著提高系统效率，但是其压缩过程中，空气在10MPa的压力下会产生650℃的高温，对压缩机和其他部件都会带来较大负担，因此AA-CAES设计时需要考虑高温高压压缩机的材料选择、热膨胀系数和热应力、密封方法以及轴承和润滑剂的温度极限等。

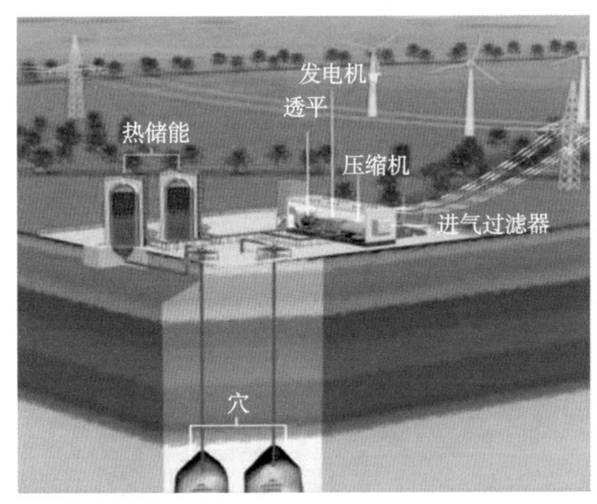

图2.2-8　ADELE先进绝热压缩空气储能示范项目示意

图片来源：徐桂芝，宋洁，王乐，等．深冷液化空气储能技术及其在电网中的应用分析［J］．全球能源互联网，2018，1（3）．

（2）青海光热复合压缩空气储能系统

基于TICC-500系统，清华大学在青海大学校园内建设了100kW光热复合压缩空气储能系统（图2.2-9）。该系统将绝热压缩空气储能系统和槽式光热系统有机耦合起来，利用槽式光热系统富集的太阳能光热为膨胀过程提供热量。空气压缩子系统采用五级压缩机，透平发电子系统采用三

① BUDT M，WOLF D，SPAN R，et al. A review on compressed air energy storage：basic principles，past milestones and recent developments［J］. Applied Energy，2016（170）：250-268.

级空气透平膨胀机，整个运行过程无碳排放。该系统进行了两方面的改进：一是在储热介质方面的改进，采用高温导热油替换水作为蓄热工质，能够使系统的蓄热回热温度得到大幅的提升；二是在储气方式方面的改进，利用管线钢组代替常规压力容器作为储气装置，大幅降低了储气系统的工程造价，有助于该储能系统的工程化应用。光热复合压缩空气储能将光热技术与压缩空气储能结合，通过高温蓄热技术，既能实现全程非补燃、无燃烧，又可进一步提高系统储能效率至50%以上。本系统中开发了基于先进电力电子技术的高速透平发电技术，特别适用于百千瓦量级的压缩空气储能系统，将有助于小型压缩空气储能在分布式能源系统中的推广和应用。同时将压缩空气储能发电系统的设计工况、现有制造技术和工艺水平相结合，研究了压缩空气储能发电系统中关键设备参数，为建设大规模压缩空气储能系统奠定了技术基础。

图 2.2-9　光热复合压缩空气储能系统

图片来源：梅生伟，张通，张学林，等．非补燃压缩空气储能研究及工程实践［J］．实验技术与管理，2022，39（5）．

2.2.1.6　主要工艺流程

先进绝热压缩空气储能系统包含压缩、储气、蓄热（冷）、回热（冷）、膨胀发电等多个子系统，整个系统尚处于优化与改进阶段，而大型化过程中子系统设备与参数的匹配尚在研究。

中科院工程热物理研究所与清华大学电机系的热力系统流程和工艺参

数稍有不同。

（1）中科院工程热物理研究所工艺

据了解，中科院工程热物理研究所主要已完成 10MW～100MW 级先进压缩空气储能系统和关键部件的设计，完成了宽负荷压缩机、高负荷透平膨胀机、蓄热（冷）换热器等关键部件的委托加工和关键部件的集成与性能测试。其热力系统主要采用低温蓄热回热技术，即压缩机采用 6～8 级压缩，各级排气温度维持低于 130℃；膨胀机采用 4 级膨胀，各级进汽温度低于 100℃，以使设备运行曲线更加平缓，从而减少系统㶲损失，降低设备生产制造难度，适应宽负荷运行条件。

因蓄热/回热的换热温度低，介质采用水即可满足条件，储热系统只设冷水罐和热水罐，系统设备简单，维护难度低。

（2）清华大学工艺

清华大学电机系主导的热力系统则为中高温耦合蓄热回热技术，即压缩机采用 4～6 级压缩，各级排气温度达到 330～360℃；膨胀机采用 2～4 级膨胀，各级进汽温度在 220℃以上。因蓄热回热温度高，所以压缩机级间冷却和膨胀机级间加热，需分别使用导热油-空气和水-空气的能量阶梯耦合换热。

蓄热系统需设置高温油储罐-冷油储罐和低温水储罐-冷水储罐。虽然蓄热系统较复杂及对设备要求较高，但有着蓄热品质高，膨胀机做功能量利用效率高等特点。

2.2.2 液化空气储能

液化空气储能是一种以液态空气形式存储能量的新型储能技术，本节将对其工作原理、技术特点、技术路线、系统构成以及国内外示范工程情况进行介绍。

2.2.2.1 工作原理

液化空气储能技术将电能转化为液态空气的内能并存储。储能时，消耗电能将空气压缩、冷却并液化，同时存储该过程中释放的热能，用于释能时加热液态空气；释能时，液态空气被加压、加热，气化后在膨胀机中膨胀做功并推动发电机发电，同时存储该过程的冷能，用于储能时冷却空气。

液化空气储能（Liquid Air Energy Storage，LAES）系统将能量以液态空气介质进行存储，可极大限度地提高能量储存密度，避免地理环境的限制。液态压缩空气储能原理见图 2.2-10，液化空气储能系统在储能过程中，高压空气经蓄冷换热器降温至液化温度后，在透平中降压液化，经分离得到的液态空气被储存，未液化的空气回到蓄冷回热器释放冷量；在释能过程中，液态空气经低温泵加压后进入蓄冷回热器吸热，再经换热器升温后进入透平膨胀机做功。因空气液态密度较气态密度大约 700 倍，存储空间可大幅减小，但同时系统额外增加相关设备，增加了系统损耗。

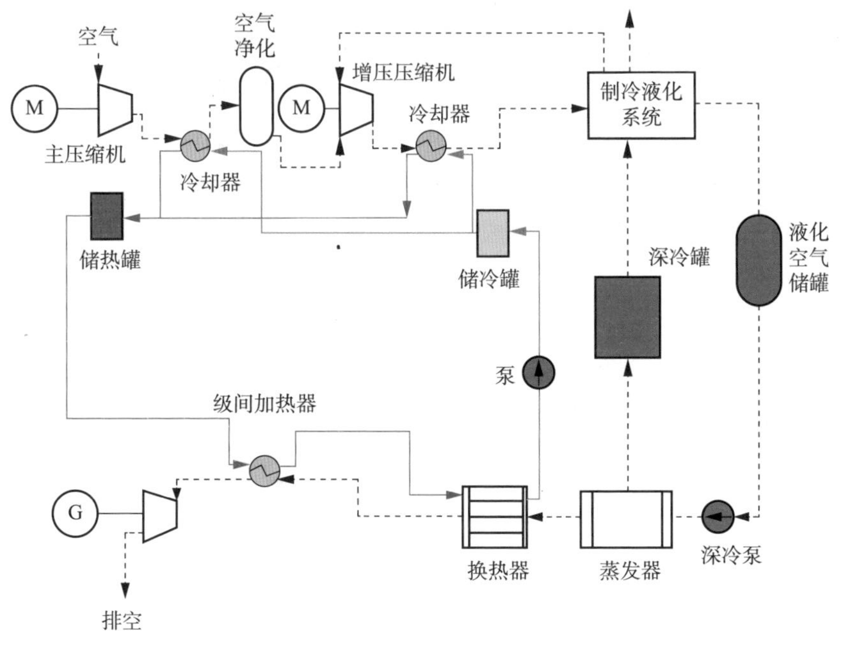

图 2.2-10 液态压缩空气储能原理

图片来源：徐桂芝，宋洁，王乐，等．深冷液化空气储能技术及其在电网中的应用分析[J]．全球能源互联网，2018，1（3）．

（1）工作过程描述

液化空气储能技术来源于压缩空气储能，主要包括液化过程、能量存储过程、电力恢复过程。该储能技术由英国纽卡斯尔大学于 1977 年首次提出，液化空气储能系统工作流程如图 2.2-11 所示。

液化过程首先利用电网富余的电能驱动液化空气装置，使环境中的空气先洁净再压缩，然后通入换热器中与气液分离器返回的冷空气和蓄冷装置中的冷空气进行换热冷却；被冷却的冷空气依次通过膨胀机和节流阀，降温降压，一部分被冷凝为液体，一部分仍为气体，最后在气液分离器中被分离；从气液分离器上端口出来的冷空气返回到换热器中，冷却被压缩机压缩后的空气。

经气液分离器分离后的液态空气从气液分离器下端口流到液化空气储罐中储存，液化过程中消耗的大部分电能被转化成了液态空气的冷能。

电力恢复过程中低温储罐中液态空气被引出，经低温泵加压后送入气化换热器中吸热气化。被气化的空气再通入热交换器中，被进一步加热升温、升压。从热交换器中出来的高压气体通入透平膨胀机中做功，透平膨胀机与发电机相连，带动发电机旋转发电。从透平膨胀机里出来的高温空气依次经过热交换器和气化换热器被冷却，然后流到蓄冷器中与换热器里被压缩机压缩后的空气换热。因为液态空气的沸点比较低，所以在电力恢复过程中供应给热交换器里低温空气的热量可以是来自液化过程中的废热或外部环境的热量。

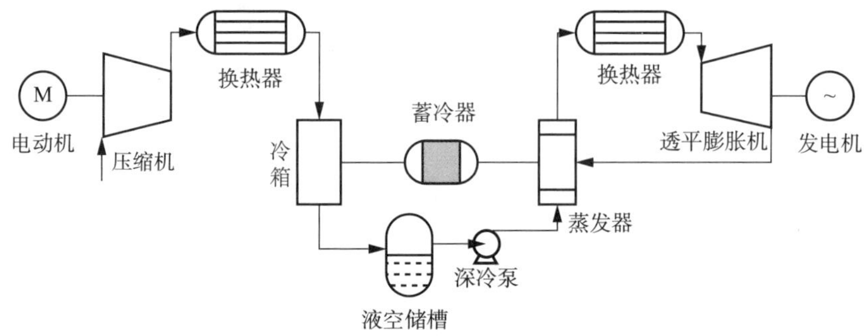

图 2.2-11　液化空气储能系统工作流程

图片来源：桑泉巍．深冷液化空气储能系统热力学建模与能效分析研究［D］．南京：东南大学，2018.

（2）基本理论

液化过程实质为林德循环。林德循环 T-S 简图如图 2.2-12 所示，气体先后经过等温压缩（1—2）、等压冷却（2—3）、节流膨胀（3—4）及液化（4—5）、等压复热（5—1）等过程。

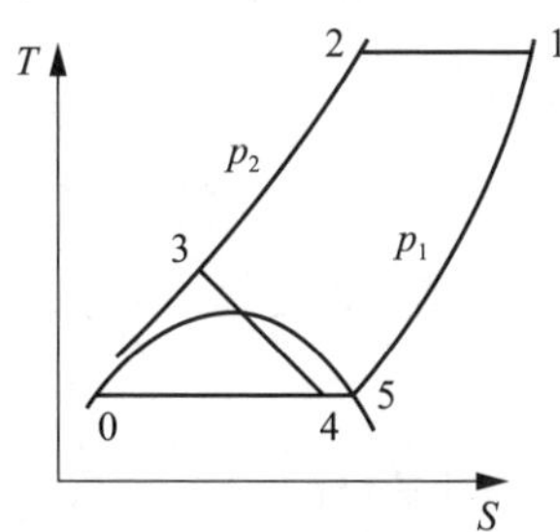

图 2. 2-12　林德循环 T-S 简图

简单林德循环中，由于高压气体的相对量大和热容大，用未冷凝的低压气体无法将其冷却到足够的低温，通过增设膨胀机后解决相关矛盾，这样就成为克劳德循环。采用增设膨胀机的措施减少了高压气体的量，增加了作为冷却介质的低压气体的量，因而可将高压气体冷却到更低的温度，从而提高了液化率，同时还可回收一部分有用功。

电力恢复过程实质为朗肯循环。朗肯循环 T-S 简图如图 2. 2-13 所示，气体先后经过绝热膨胀做功（1—2）、定温（定压）放热（2—3）、绝热压缩（3—4）、吸热（4—5）、定温（定压）吸热（5—1）等过程。

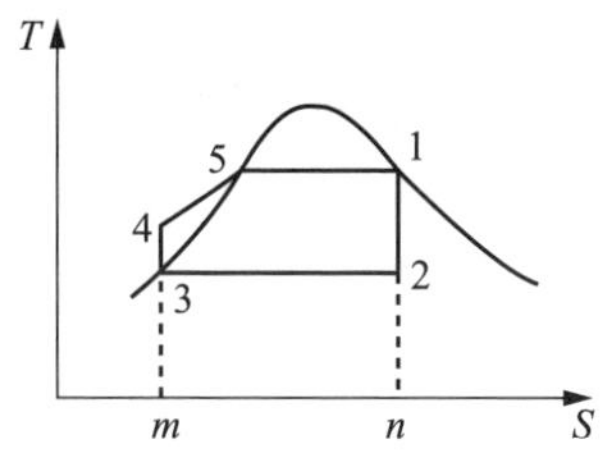

图 2. 2-13　朗肯循环 T-S 简图

液化空气储能的效率值与整个系统能量能否充分利用息息相关。由于外部环境的影响，液化空气储能系统在液化、存储及做功过程中会有一些能量损失，真实做功将会受到循环效率的限制变得较低。为了提高液化空气储能系统的效率，就需要选择合适的液化空气储能装置，尽量减少装置运转过程中不必要的能量损失。液化过程中产生的废热可以用于电力恢复过程中加热液态空气，使能量得到充分利用，提高整个循环的效率。液化过程用于加热液态空气的热量也可以是环境中的热量和工业中产生的废热。同理，还可以将液态空气气化产生的冷量应用于储能过程中对气态的空气进行预冷，同样也可以提高液化空气储能系统的效率。

液化空气储能技术工作原理如图 2. 2-14 所示。

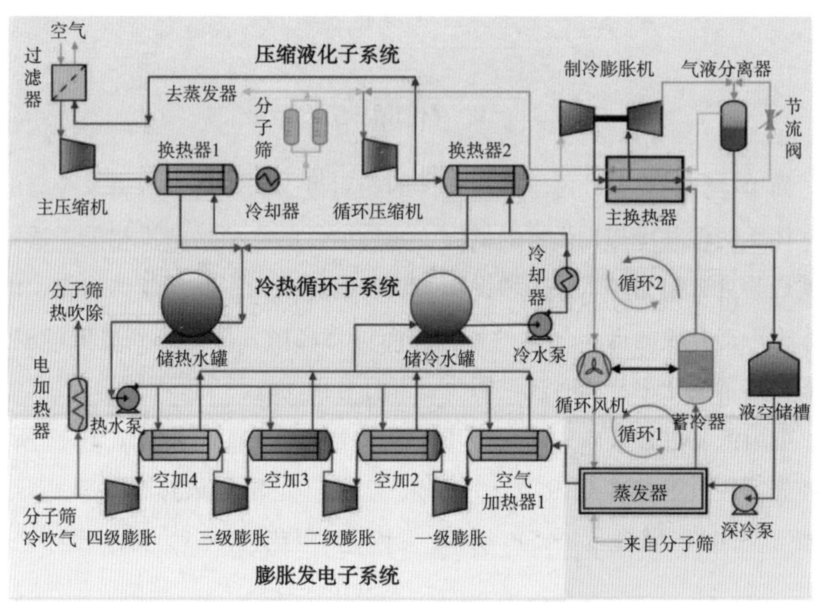

图 2. 2-14　液化空气储能技术工作原理

图片来源：桑泉巍．深冷液化空气储能系统热力学建模与能效分析研究［D］．南京：东南大学，2018.

2. 2. 2. 2　技术特点

为了进一步提升储能密度，深冷液化空气储能技术将空气进行液化，并以超低温液态空气储存。液态空气能量密度高（60～120Wh/L），是高压储气的 20 倍左右，大幅减小了系统储罐体积；存储压力低（0. 5MPa～1MPa），低压罐体安全性好、成本低，可实现地面罐式的规模化存储，有助于系统摆脱对地理条件的依赖，增加了压缩空气储能的应用地域；单机发电功率为 10MW～200MW，发电启动时间为 15min，发电调节时间为 3min，可用于电网的二次调频。

采用液态空气的形式进行能量存储，能够大幅提升储能密度。但是相应地，系统空气液化和液化空气气化过程涉及的冷量存储和回馈，给实际系统的高效运行带来困难，由于引入了复杂的储换热系统，增加了液态空气输送泵的耗功，且因大型低温蓄冷材料和工艺受限，系统效率（30%~40%）明显低于蓄热式压缩空气储能系统。若系统可以利用外界的余热（电厂或其他工业余热）或者余冷（LNG 或者液化空气公司余冷）资源，其储能综合效率可进一步提高。

2.2.2.3 技术路线

深冷液化空气储能技术将电能转化为液态空气的内能并存储。储能时，电能将空气压缩、分子筛吸附净化、空气循环增压、膨胀机制冷、中压循环利用高级冷能，使得空气冷却并液化，同时存储该过程中释放的热能，用于释能时加热空气；释能时，液态空气被加压、气化，推动轮机发电，同时存储该过程的冷能，用于储能时冷却空气。

2.2.2.4 系统构成

（1）工艺

液化空气储能技术可以追溯到 1977 年，史密斯提出了使用绝热压缩和膨胀的装置，并报告了 72%的能量回收效率。但要达到这一效率，需要一个可承受温度在-200~800℃的、压力高达 10MPa 的蓄能装置。Ameel 等结合朗肯循环与林德循环对液化过程进行了分析，并报告了液化过程的效率为 43%。这里提出的循环与以前的研究有两个方面的不同，首先为了克服制造大压力容器的困难，蓄能装置需要在低压下操作。其次，液化器采用克劳德循环，其中冷却过程包括在一个或多个膨胀机里进行的等熵膨胀过程以及在节流阀里进行的等焓膨胀过程。

目前应用较广泛的液化空气储能技术由英国伯明翰大学丁玉龙教授于 2007 年提出，英国 Highview Power Storage 公司将其实现商业化。主要含净化及压缩液化、储热、蓄冷、膨胀发电四个子系统，通过回收利用压缩过程中的余热以及膨胀过程中的余冷后，预期运行效率 50%~55%。

1）净化及压缩液化子系统。

压缩液化子系统实现能量存储功能。将空气压缩、净化，通过冷箱与制冷膨胀机降温，并产生液化空气；过程中通过换热器存储压缩热，并充分利用蓄冷子系统冷能，提高液化过程效率。该子系统主要由主压缩机、循环压缩机、分子筛、冷箱、增压制冷膨胀机、液体储罐等构成。压缩液化子系统流程见图 2. 2-15。

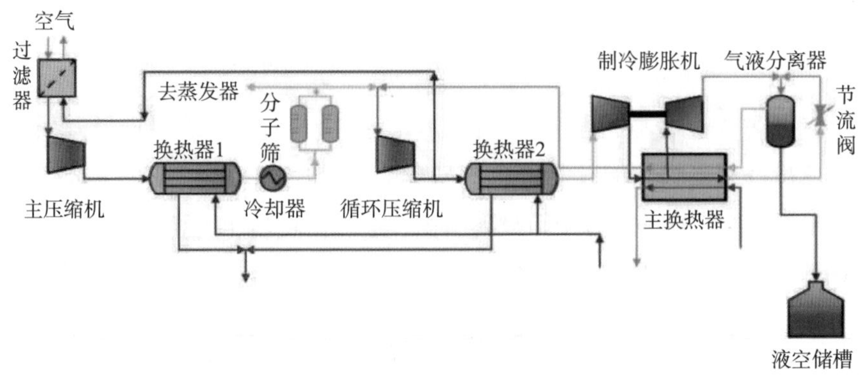

图 2. 2-15　压缩液化子系统流程

图片来源：桑泉巍．深冷液化空气储能系统热力学建模与能效分析研究［D］．南京：东南大学，2018.

2）储热子系统。

储热子系统的设计是深冷系统提效的关键部件之一，其作用是回收蓄热过程中压缩空气产生的高温热源，并将其储存用于满足释热过程中膨胀加热过程的需求。这个过程要求蓄热介质可以满足高温工作的需求，同时储存和释放过程要求热量尽可能保持原有的热能品位（即释热时温度尽可能接近蓄热温度），且释热时温度波动小。冷热循环子系统流程见图 2. 2-16。

3）蓄冷子系统。

蓄冷子系统用于回收、存储和利用低温液态空气中的冷能。该子系统是深冷液化储能系统提效的关键部件之一，其作用是回收膨胀发电过程中液态空气气化时的冷能，并将其储存用于满足空气液化过程中降温环节的冷量需求。这个过程中要求蓄冷介质可以满足低温工作的需求，同时储存和释放过程中要求冷量尽可能保持原有的品位（即释冷时温度尽可能接近蓄冷温度），且释放过程温度波动尽量平稳，受限于大型低温蓄冷材料和

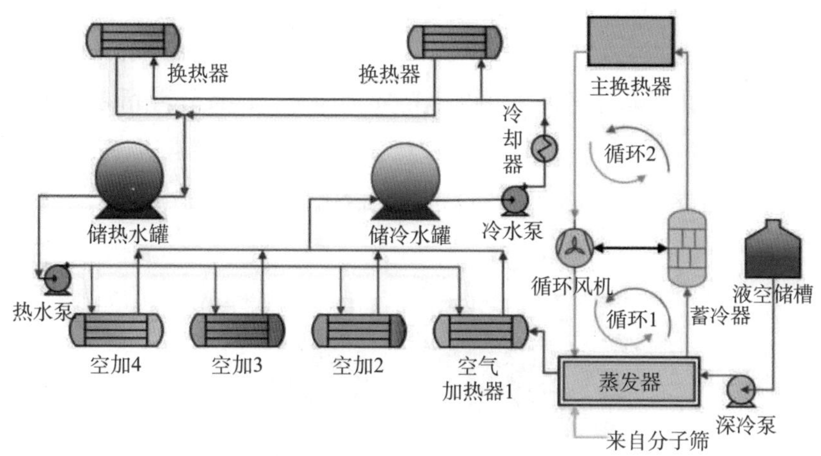

图 2.2-16 冷热循环子系统流程

图片来源：桑泉巍．深冷液化空气储能系统热力学建模与能效分析研究［D］．南京：东南大学，2018.

工艺，该过程实现难度极大。

4）膨胀发电子系统。

膨胀发电子系统利用有一定压力的气体在透平膨胀机内进行绝热膨胀对外做功，同时在各级入口前将空气进行回热，提高空气内能，从而最终提高单位质量空气输出功的能力。

为了提高系统的储能效率，不断有学者进行研究，多数集中在低温蓄冷材料选择和工艺优化方面。根据研究提高液态空气释能压力、空气透平进口温度和储热油使用比例，可以有效提升系统的热力学性能。在没有储热和储冷装置的液化空气储能系统中，系统的循环效率约为 27%。加入冷/热循环后，可以将系统的循环效率提高至 50%以上。其中低温冷能的存储对系统效率的影响最为显著，当低温冷能和压缩热的存储㶲效率分别下降 30%时，系统的循环效率将分别下降 28%和 8%。现阶段的液化空气储能系统中，低温冷能（-196℃）的存储介质主要为岩石（填充床）、甲醇、丙烷、R218 等。当岩石（填充床）作为储冷介质时，其存储的一部分冷能无法完全被利用，从而导致系统整体效率的下降。丙烷和甲醇（传热介质兼储冷介质）成为低温冷能存储的研究热点，并且研究中多采用两级储冷配置：丙烷和甲醇分别用于低温段（-185℃左右）和中低温段（-75℃左右）的储冷。这种储冷方式，可以有效避免填充床冷能提取不完全的问题，但是由于成本较高、存在一定安全隐患，因此还停留在理论研究阶段。

液化空气储能工艺流程中各设备能耗占比见图 2.2-17。

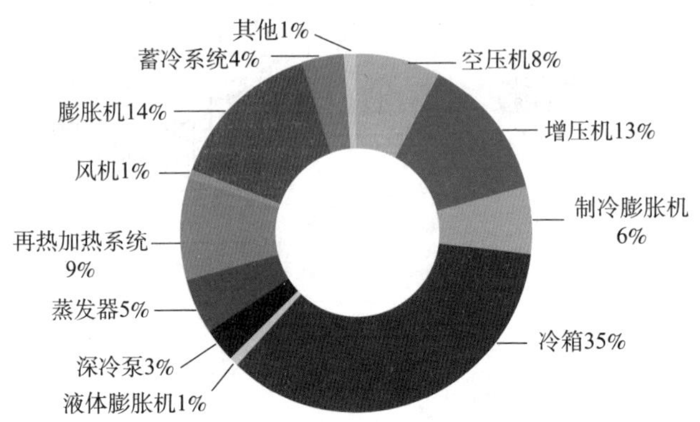

图 2.2-17 液化空气储能工艺流程中各设备能耗占比

图片来源：徐桂芝，宋洁，王乐，等．深冷液化空气储能技术及其在电网中的应用分析[J]．全球能源互联网，2018，1（3）．

（2）造价

液化空气储能技术在英国已得到较为广泛的应用，是一项相对成熟的储能技术。根据文献资料，拥有 5h 储能容量的 50MW 储能设施建设成本约为 5000 万美元，而如果储能时间为 10h 或 15h 的话，其价格为 6000 万美元。若以 200MW/2GWh 规模的系统估算，Highview Power 公司估算成本约 110 英镑/MWh，已低于锂离子电池的 187 美元/MWh（2018 年中价格）。随着规模的扩大，液化空气储能单位千瓦投资也呈下降趋势。

总体来说，与抽水蓄能、电化学储能等相比，液化空气储能可以应用于更多的地方，安装成本较低，但是规模较小、效率相对较低。

2.2.2.5 应用案例

目前国际上已运行或在建液化空气储能项目基本都属于 Highview Power 公司，其他公司相继开展液化空气储能项目，但未有已投产的案例。

（1）Highview Power 公司

2011 年，Highview Power 公司的液化空气储能技术被苏格兰南方能源公司（SSE）应用于其 80MW 生物质热电联厂的 350kW/2.5MWh 液化空气储能系统中。2012 年末，Highview Power 公司在苏格兰建造了一个 3500kW 的商用系统，并在 2014 年初建成了 8000～10000kW 的储能发电站。2014 年 2 月，在英国能源与气候变化部（DECC）800 万英镑的资助下，Viridor 公司选择 Highview Power 公司设计并建立了一个 5MW/15MWh 商用示范的液化空气储能示范工厂，该液化空气储能工厂建造在 Viridor 公司的垃圾填埋燃气发电厂里。2015 年春，Highview Power 公司首次以商业规模的形式来示范 LAES 技术的应用，LAES 设施由 GE 公司的涡轮发电机提供动力。2019 年在美国部署两个储能项目，并与工程服务商 Citec 公司合作，将其储能设施从 50MW/500MWh 扩展到 GWh 级别。

2020 年 11 月，Highview Power 公司与英国公用事业厂商 Carlton Power 公司达成合作，在英国大曼彻斯特郡开始部署一个 50MW/250MWh 液化空气储能设施。这个名为 CRYOBattery™储能系统将成为欧洲规模最大的储能系统之一。CRYOBattery™储能系统将于 2023 年投入商业运营。英国商业、能源和工业战略部（BEIS）将拨款 1000 万英镑（约 1244 万美元）支持此液化空气储能项目。

2021 年 9 月，Highview Power 再次获得 Janus Continental Group（JCG）子公司投资 1440 万美元。据 JCG 称，此次投资将支持 Highview Power 在东非大湖区液化空气储能项目的发展与规模的扩大。

Highview Power 公司的液化压缩空气储能解决方案具有 30～40 年的使用寿命，已通过几个 MW 规模的试点项目证明，在 GW 规模或每个项目数百 MW 的规模下是最经济的。该类储能设施收入来自多个市场，其中包括能源套利（在价格低时购买电力，在价格高时出售电力）、电网平衡、容量市场以及诸如频率响应和电压支持之类的辅助服务。可以通过提供电压控制、电网平衡、同步惯性等的功能，使电网运营商能够灵活地独立管理电力和能源服务。

英国伦敦深冷压缩空气储能示范工程（图 2.2-18）建于 2010 年，设计容量 600kW×7h，目的是验证深冷液化空气储能技术的可行性，设计效率为 70%，但由于低温系统技术问题，该工程实际发电量仅为 350kW，加之小型低温系统各环节损失较大，系统实际效率仅约为 8%①。该系统从接收指令启动发电，到功率平稳输出的时间约为 2.5 分钟，这比高压气体存储方式的响应时间快约 7 分钟。

图 2.2-18　英国伦敦深冷压缩空气储能示范工程

图片来源：徐桂芝，宋洁，王乐，等．深冷液化空气储能技术及其在电网中的应用分析［J］．全球能源互联网，2018，1（3）．

（2）其他

中国绿发投资集团有限公司作为国内积极布局世界级液化空气储能产业平台、零碳建设科技创新平台，重点研究和规划碳数据中心、新材料、绿色氢能等新兴产业的国资委直接管理企业，2022 年 4 月与中国科学院理化技术研究所签署投资协议，组建产业公司开展 50MW/600MWh 首台（套）液化空气储能示范项目建设。

Sumitomo SHI FW 公司 2022 年表示，正在与上海发电设备成套设计研究院（SPERI）开展合作，评估建造大型液化空气储能系统的可行性。

① ROBERT M，STUART N，EMMA G，et al. Liquid air energy storage-Analysis and first results from a pilot scale demonstration plant［J］. Applied Energy，2015，137（3）：845-853.

Sumitomo SHI FW 公司是一家总部位于芬兰的公司，日本住友重工公司在2017 年完成收购。

2.2.3 超临界压缩空气储能

超临界压缩空气储能采用空气液化技术，系统中部分环节空气以超临界状态存在①②③，该技术实际上是深冷液化空气储能技术的延伸。本节对超临界压缩空气储能工作原理、技术特点、技术路线、系统构成以及国内外示范工程情况进行介绍。

2.2.3.1 工作原理

2009 年，中国科学院工程热物理研究所在英国 Highview Power Storage 公司的液化空气流程基础上开发了超临界压缩空气储能系统。超临界压缩空气储能系统工作原理如图 2.2-19 所示。其工作原理如下。

1）储能：空气被压气机压缩至超临界状态，在回收压缩热后利用存储的冷能将其冷却液化，并存储于低温储罐中。

2）释能：液态空气加压吸热至超临界状态，并进一步吸收压缩热后通过膨胀机驱动电机发电。

3）蓄热与回收：空气在压缩过程中的压缩热将被蓄热/换热器存储，并在释能过程中由工作气体回收利用。

4）蓄冷与回收：释能过程中的液态空气的冷能被蓄冷/换热器存储，并在储能过程中用于冷却超临界空气。

5）废热利用：电厂和其他工业部门的一些废热可以被超临界空气回收利用，以提高系统效率和出功。

---

① 刘文毅，张伟德．典型压缩空气蓄能系统流程与参数优化［J］．工程热物理学报，2013，34（9）：1615-1620.

② 郭欢，许建，陈海生．一种定压运行 AA-CAES 的系统效率分析［J］．热能动力工程，2013，28（5）：540-545.

③ 刘佳．超临界空气蓄热蓄冷数值与实验研究［D］．北京：中国科学院工程热物理研究所，2012.

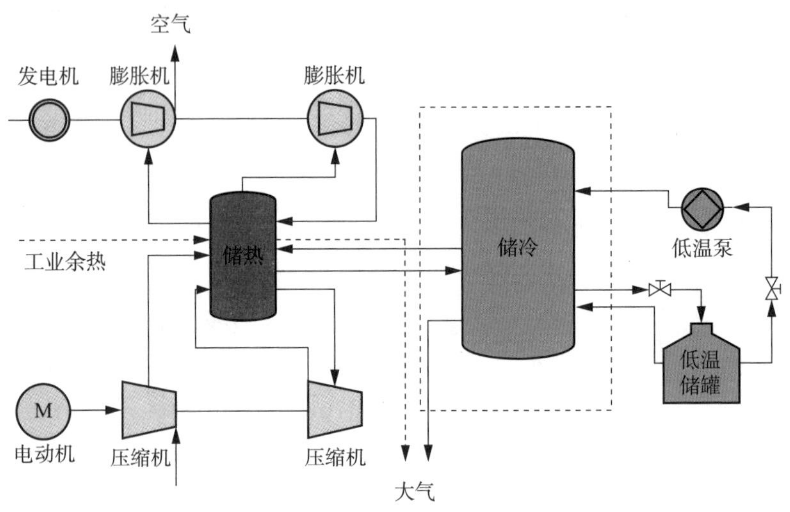

图 2.2-19　超临界压缩空气储能系统工作原理

图片来源：吴玉庭，宋阁阁，张灿灿，等．超临界压缩空气储能系统蓄冷换热器优化设计[J]．储能科学与技术，2021，10（4）．

超临界压缩空气储能系统兼具了 AA-CAES 和 LAES 的优势，系统具有能量密度大、环境友好等优点，但系统效率仍不高，实际效率只有 30%～40%。

2.2.3.2　技术特点

该系统在采用液态空气存储时具有很高的能量密度，约为常规压缩空气储能系统能量密度的 20 倍，大幅减小了系统储罐体积，摆脱了对地理条件的限制；该系统回收了级间冷热，摆脱了对化石燃料的依赖；同时利用了空气的超临界状态流动与传热特性提高了一部分系统效率，但系统总体转换效率仍较低。

然而，该系统在空气压缩/膨胀过程的基础上增加液化冷却和气化加热过程，相比较绝热压缩空气储能的压缩/膨胀过程，增加了额外转换损耗、保温散热损失和低温泵的能耗。与相似压缩空气储能技术相比，效率较低且增加了低温泵、低温储罐、蓄冷换热器等设备，需要大容量高压（7MPa～10MPa）低温蓄冷器，技术难度大，造价增加较多。例如，中科院具备 1.5MW 系统超临界蓄冷装置研制经验，但由于超临界蓄冷设计难度大、技术风险高且造价昂贵，以 10MW/100MWh 实验系统为例进行计算，仅超临界蓄冷部分的预估造价在 1. 3 亿元以上（按中科院廊坊 1. 5MW 项目储罐造价 270 万元/2. 25MWh 进行折算）。

2. 2. 3. 3 技术路线

超临界压缩空气储能系统储能和释能过程与液化空气储能技术路线基本相同。其工作流程分为储能和释能两个过程：储能过程是采用低谷电能将空气压缩至超临界状态，同时存储压缩热，并利用存储的冷能将超临界空气冷却、液化后储存在低温绝热容器中，从而实现电能的存储；释能过程则是在用电高峰时，液态空气加压后经过换热器吸热至超临界状态，气化过程释放的冷能被回收、存储，随后高压空气进一步吸收存储的压缩热，升温后进入膨胀机做功并驱动电机发电，实现电能的释放。由于将压缩过程产生的热量和气化过程释放的冷量进行储存，因而储能系统的效率明显改善，同时余热和废热的回收也有助于系统效率的提高。

2. 2. 3. 4 系统构成

超临界压缩空气储能系统节流液化系统的主要部件包括：压缩机、蓄热设备、蓄冷回热器、液态空气储罐、低温泵、膨胀机等。由超临界压缩空气储能系统技术路线可知，与液化空气储能系统的主要不同为蓄冷蓄热换热器。此外，压缩机采用了常规级间冷却技术，因此，储热温度约 100℃，与液化空气储能技术储热温度相比，储热品质较低。

超临界压缩空气储能技术与液化空气储能技术相比，主要不同之处在于蓄热/冷单元，因此压缩机组、分子筛、膨胀发电机组、制冷膨胀机、液体膨胀机、深冷泵等与液化空气储能技术所选关键设备原则一致，此处不再赘述。下面就蓄热/冷单元所用主要设备进行详细介绍。

（1）蓄热换热器

蓄热换热器必须具有较大的热容量、较高的吸热率和传热系数，能在数小时的储能过程中保持出口温度基本稳定，最重要的是大规模应用成本较低。热能（热量和冷量）通常在-40～400℃温度范围，以显热、潜热或化学热的形式存储。目前显热蓄热已获广泛应用，而基于潜热和化学热的蓄热技术大多还在研发和示范阶段。填充床在化工行业是一种技术成熟、结构简单的反应器，同时也常作为蓄热装置被使用。填充床内传热流体和蓄热介质直接接触，具有很大的换热面积。蓄热介质一般采用石子等成本极低和物理性能稳定的材料，石子填充床蓄热在太阳能采暖，以及余热、废热回收等领域应用广泛，并在太阳能高温热发电蓄热系统中也已获得应用。从超临界空气储能系统的工作压力、温度、储能容量及成本等方面综合考虑，石子填充床相比其他蓄热形式在技术上和经济上更具优势。

中科院发表的《压缩空气储能的多级填充床蓄热实验研究》一文特别指出，蓄热装置是蓄热系统的关键，将直接影响储能系统性能与效率。欧洲压缩空气储能研究团队对压缩空气储能系统蓄热装置的形式及蓄热介质种类展开了研究，尽管采用高压容器可能使蓄热成本大幅增加，但技术评估显示直接接触式换热是最理想的蓄热方案，其主要优点包括换热面积大、热损失小，并且避免了高压换热器的使用。而预应力混凝土结构的大型圆柱储罐被视为高压容器较理想的选择。研究同时对多种可能的固体蓄热材料进行了性能测试，发现石子、陶瓷、混凝土等均拥有良好的热循环性能。

（2）蓄冷回热器

蓄冷技术常用于建筑物空调制冷和冷藏冷冻等领域，包括冰蓄冷、水盐蓄冷和相变蓄冷等，其中最常见的是冰蓄冷，即利用夏天夜间的低价电来驱动制冷机制冰并将冰储存，当白天气温升高且空调用电量增大导致电网负荷迅速增加时，启用冰块来制冷，抵消建筑空调系统对电力的需求，起到削峰填谷的作用。目前常见蓄冷温度在-40℃以上。

蓄冷回热器一般也采用填充床蓄热器，原因是超临界压缩空气储能系统冷却空气所需温度范围为-193.35~26.85℃，填充床蓄热器在温度变化范围和体积上都较合适。蓄冷回热器的工作温度与环境温度差距较大，必须对蓄冷回热器进行保温，避免散热造成较大的不可逆损失。蓄冷回热器内部流过高压空气，因此其也是压力容器，当压力较高时存在制造难度。其中也有常压空气流过，在蓄冷回热器内部有常压管道设置。影响蓄冷回热器的体积的因素包括蓄热材料的比热容、填充床内部结构、储能时间、压缩空气质量流量等。

超临界空气储能系统释能过程中，需要将液态空气的气化冷量进行回收，中科院对蓄冷回热器进行了研究，采用石子填充床作为气化装置，同时将气化冷量储存在填充床内。实验表明绝热材料的保冷性能远不如保热性能。同时蓄冷㶲效率仅为蓄热㶲效率的一半，蓄冷斜温层内传热温差远大于蓄热斜温层，循环热损失增加和蓄冷过程传热温差大是㶲损失增大的最主要原因。分析冷量损失后发现，蓄冷量由填充床石子与罐体总质量决定，而流量增大使填充床蓄冷损失减小是通过缩短蓄冷时间来实现的。

中科院工程热物理研究所开展了超临界状态下的压缩空气储能技术研究，其核心就在于超临界蓄冷装置的研制，该装置具有高压力低温度的运行特点，其研制的技术方案中涉及以下几个问题：超临界蓄冷罐部包含大量的超临界条件下空气流动、传热/蓄热（冷）过程（特别是蓄热（冷）/换热器前后），其流动现象和机理非常复杂；由于采用了高压的蓄冷设备，对罐体壁厚要求很高，造成壁面吸冷量大，不锈钢壁面的传热过程还会导致储冷时罐体内温度分布的变化，影响冷能品质；保温措施难度高，内筒的高压设计给双罐方式夹层的制造带来了难度，采用了加厚保温棉的方式，但效果较传统的真空技术有很大的差距，廊坊的示范装置每天的温升达10℃以上。

2.2.3.5 应用案例

该技术在国内外应用较少，主要有中科院工程热物理研究所开展了相关的技术研究，其相关的案例仅有中科院廊坊基地的1.5MW系统。2013年，中科院工程热物理研究所在廊坊完成1.5MW（压缩0.3MW×15h，发电1.5MW×1.5h）储能示范装置研制，试验运行时间超过1000h，设计效率52%。其蓄冷容量为10GJ，装置容积为60m^3，温度低至-196℃，装置承压达到70bar，造价较高，且制造难度大。

2.2.4 其他新型压缩空气储能系统

2.2.4.1 等温压缩空气储能/抽水压缩空气储能

由于压缩过程和膨胀过程温度变化相对较小，系统被称为等温压缩空气储能（Iso-thermal CAES，I-CAES），该系统将损失的压缩热回收并用于满足膨胀过程对热量的需求，在实现纯空气循环储能发电的同时将系统二次碳排放降低至零。

传统压缩空气储能系统在压缩过程中通常会导致气体温度大幅升高，这是由于压缩时间一般很短，压缩过程产生的热量来不及散失，产生了一个近乎绝热的过程，因此需要比等温压缩消耗更多的功。而当气体长时间存储在高压储气罐中时，温度降低，导致系统总体压缩效率降低，尤其是在高压比情况下，提高气体与水和外界的传热性能，使实际过程接近等温是提高 CAES 循环效率的关键之一。因此，等温压缩空气储能系统通常采用特定控温手段，使得在压缩/膨胀过程中空气的温度变化在一个很小的范围内，实现近等温压缩/膨胀过程。下面简单介绍几种等温压缩空气储能控温技术。

（1）液体活塞技术

液体活塞（LP）技术是通过将液体泵入含有一定数量气体的密闭压力容器中以压缩气体的技术，只要液体被泵入压力容器的速度对气液界面没有太大的影响，气相和液相就会因密度的不同而自然分离，从而达到压缩气体的目的。

与传统固体活塞相比，LP 技术的主要优点是：可以避免气体泄漏；用黏性摩擦取代滑动密封摩擦，大大减少了由于摩擦导致的能量耗散；气体在压缩过程中产生的部分热量能够被液体吸收，且在膨胀过程中可以从液体中吸收热量，从而减小了压缩和膨胀过程中气体温度的变化，使压缩和膨胀过程更接近等温过程，保证更高的压缩及膨胀效率。然而，在液体活塞中，气液直接接触会导致部分气体溶解于液体中，从而造成部分压力损失。气体在液体中溶解度的规律可以通过亨利定律来解释：气体的分压与该气体在溶液中的摩尔浓度近似成正比。随着活塞内部气体压力的增加，溶解于液体中的气体质量不断增加，除此之外，活塞内部气体压力变化较大，可能导致系统运行不稳定。

基于液体活塞的等温压缩空气储能系统示意见图 2. 2-20。在压缩过程中，电动机驱动水泵将水逐渐送至压力容器，随着压力容器中水位的升高，空气逐渐被压缩，电能转化为压缩空气的势能进行存储。空气在压缩过程中产生的热量可以被水和外界吸收，大大降低了压缩过程中空气的温升，使压缩过程趋于等温压缩，减小了压缩功的消耗。在膨胀过程中，压力容器内的高压空气逐渐膨胀，推动压力容器内的水进入水轮机做功并带动发电机发电，将压缩空气的势能转化为电能。同时，空气在膨胀过程中可以吸收水和外界的热量以减小温度降低的幅度，使膨胀过程接近等温膨胀。

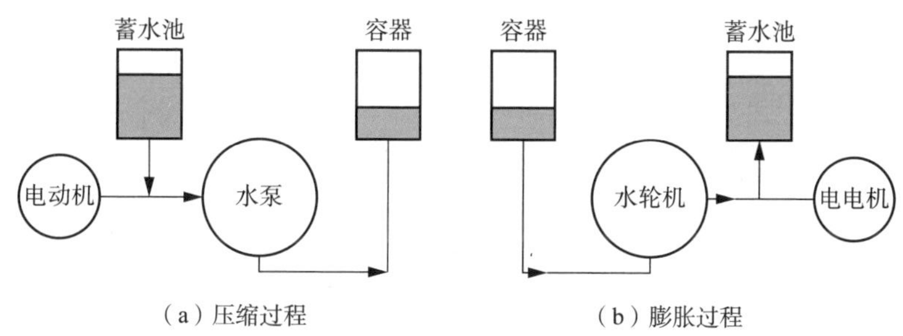

（a）压缩过程　（b）膨胀过程

图 2. 2-20　基于液体活塞的等温压缩空气储能系统示意

（2）液体喷雾技术

液体喷雾技术是将部分液体转化为小液滴后进入压力容器中与气体进行换热的技术，大量的小液滴可以大大增加气液的总换热表面积，从而达到减缓气体温度变化的目的，液体喷雾技术原理如图 2. 2-21 所示。

在运行过程中，启动循环水泵将压力容器内的部分液体送入喷雾发生器中，液体在转化为小液滴后再次进入压力容器与气体进行换热。许未晴等分析了使用液体喷雾技术对系统压缩过程的影响，结果表明，体积为 0. 94L 的压力容器在压比为 2 的情况下，采用液体喷雾技术后，压缩耗功从 177. 9J 降为 121. 2J，压缩效率由 61. 6%提高至 88. 7%，而产

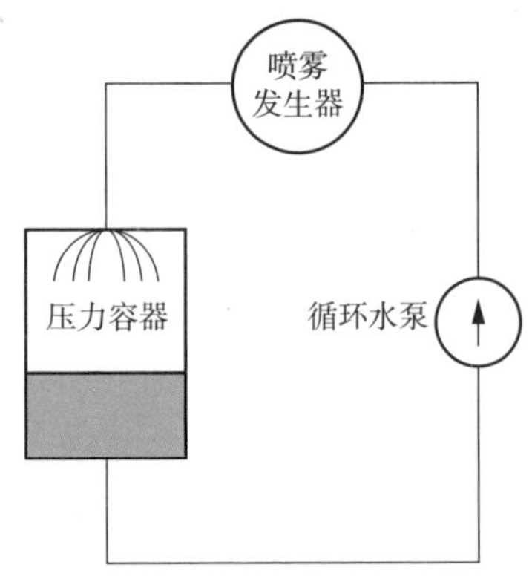

图 2.2-21　液体喷雾技术原理

生液滴消耗的功仅占压缩功的2%左右。因此，使用液体喷雾技术可以实现压缩效率的提高。在使用液体喷雾技术时，液滴直径与喷雾流量是影响系统传热能力的重要因素。液滴直径越小、喷雾流量越大，则液体与气体的接触面积越大，气体在压缩过程中的温升幅度越小，压缩耗功越少，压缩效率越高。虽然较小的液滴直径、较大的喷雾流量会减少气体的压缩耗功，但会相应地增加循环水泵耗功，而当循环水泵耗功大于气体压缩耗功减少量时，使用液体喷雾技术反而会增大压缩过程总耗功。因此，选择合适的液滴直径与喷雾流量，使压缩过程的总耗功达到最小非常重要。

（3）水泡沫技术

水泡沫技术是通过在活塞底部产生泡沫（含水添加剂），之后泡沫上升到气液界面以增加气液间传热面积，从而达到强化气液间换热的目的。与液体喷雾技术相比，水泡沫技术的气液接触面积大、作用时间长、产生泡沫的功耗少。研究结果表明，当压比为2.5时，使用水泡沫技术可使压缩过程空气温度降低7~20℃，压缩效率提高4%~8%。虽然水泡沫技术能够强化系统的换热性能，然而，经过几次循环后，残留泡沫的积累可能会改变系统内部的传热特性和流动动力学特性，并可能导致系统某些部分的腐蚀。在未来，需要对该技术进行进一步研究，确定循环操作和泡沫几何形状变化对系统性能的影响。

（4）多孔介质技术

多孔介质技术是通过将多孔介质插件插入气液中增大换热面积，以强化系统换热性能。将多孔介质技术应用于液体活塞可以提高其压缩及膨胀效率。研究表明：在压缩状态下，使用多孔介质插件压缩效率最高达到95%。

多孔介质插件安装时的覆盖区域灵活，可以覆盖整个压缩/膨胀区域，也可以只覆盖其中一部分。多孔介质插件的结构及材料也会影响系统的换热性能。使用多孔介质插件能在一定程度上减缓空气在压缩（膨胀）过程中的温度变化，但使用多孔介质插件后，由于活塞体积的一部分被多孔介质占据，因此气相空间相对变小，储能能力相对降低。

I-CAES系统效率可高达80%，且无燃烧室和储热装置。由于一般采用水作为冷却介质，换热后的介质温度一般较低，尽管压缩侧趋近等温压缩而使得总功率达到最小，但膨胀侧进口空气温度不能被加热到较高温度，输出功率减小，最终整体系统功率未必提高。理论效率可达80%~90%，实际效率较低。

等温压缩空气储能系统具有结构简单、理论效率高、容易与可再生能源耦合等特点，然而在实际运行过程中，可能会出现如下问题：

1）等温压缩空气储能系统活塞内部空气压力变化较大，可能会使水泵与水轮机超出额定工作范围运行，导致系统效率大幅降低且运行不稳定。

2）在压缩过程中，随着活塞内部空气压力增大，溶于水中的空气质量不断增加，导致部分工质损失；在进行多次循环之后，可能会使压力容器内的空气质量大幅减少。

3）等温压缩空气储能系统的压缩与膨胀过程在压力容器内进行，因此，需要压力容器能够承受较高的压力，这可能导致系统成本增加，经济性降低。

4）在初始压力一定时，随着压比的增大，系统能量密度增大而效率降低；在压比一定时，随着初始压力的增大，系统能量密度增大而效率降低。因此，需要选择合适的参数，使系统拥有较高效率的同时尽可能增加系统的能量密度。

5）在强化传热领域，使用液体喷雾技术时如何选择合适的喷雾流量使压缩功达到最小，使用多孔介质技术时如何平衡系统效率与能量密度的关系，也是需要考虑的问题。

总的来说，等温压缩空气储能应用场景主要为分布式、小微型电站，也有企业、高校基于等温压缩空气储能原理，研究出抽水压缩空气储能技术，如图 2.2-22 所示。利用循环水泵代替压缩机，水轮发电机代替膨胀机，水气共容罐代替储热装置，模块化储气罐代替储气室。

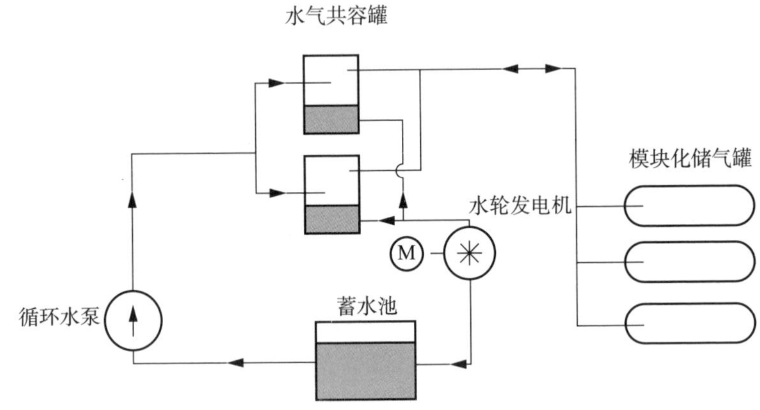

图 2.2-22　抽水压缩空气储能技术

2.2.4.2　蓄热式压缩空气储能

蓄热式压缩空气储能（Thermal Storage Compressed Air Energy Storage，TS-CAES）系统是一种可同时利用压缩热、工业余热、排气废热以及由可再生能源转化来的热量的改进型先进绝热压缩空气储能系统。该系统基于多温区高效回热技术储存压缩热并用其加热透平进口高压空气，实现储能发电全过程的高效转换和零排放。TS-CAES 系统大多与可再生能源进行耦合，可利用储热装置存储太阳能，利用压缩空气储存风电，提高可再生能源的利用率及压缩空气储能系统效率。

蓄热式压缩空气储能系统与绝热式压缩空气储能系统的区别在于前者采用了压缩机组级间冷却、膨胀机组级间加热的方式。充气储能时，来自低温蓄热器的冷介质在压缩机级间冷却器中吸收压缩空气释放的热能，温度升高到某一值，存储在高温蓄热器中；放气发电时，储气库出口调节阀后的压缩空气被热介质加热，温度升高，换热后的介质温度降低，储存到低温蓄热器。蓄热式系统储热温度降低使对蓄热罐和压缩机材料的要求降低，同时压缩侧功率减小。蓄热式压缩空气储能原理详见图 2.2-23。

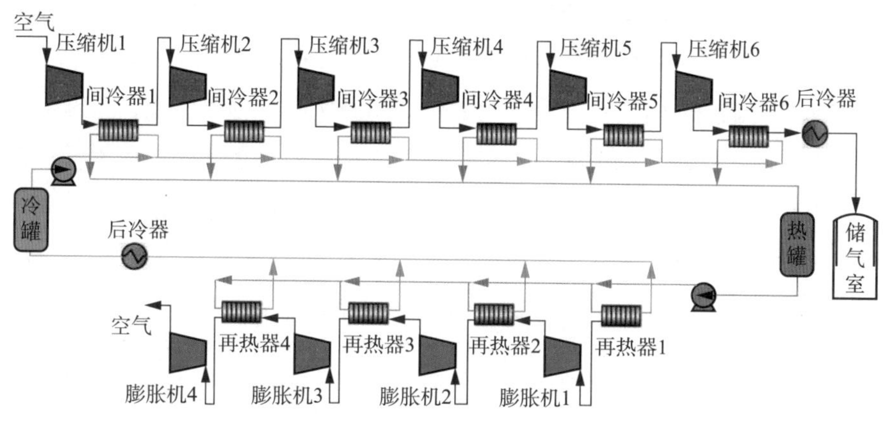

图 2.2-23 蓄热式压缩空气储能原理

图片来源：孙晓霞，桂中华，高梓玉，等．压缩空气储能系统动态运行特性［J］．储能科学与技术，2003，12（6）．

虽然因增加多级换热器导致能量损失和投资成本的增加，使系统效率降低，但其工程实践性和可靠性更高，其压缩机耗能减小，且对于压缩机材料要求不高。理论上效率可达 70%~80%。国内研究机构主要为中科院工程热物理研究所。已运行的有美国 General Compression 公司 2012 年投产的 2MW 蓄热式压缩空气储能系统。

2.2.5 综合评价

传统补燃式压缩空气储能技术依赖于化石燃料，能耗大且效率低，排放气体存在环境污染性，新型非补燃式压缩空气储能通过回收利用压缩热实现了无燃烧、无污染。蓄热式压缩空气储能技术提升了系统性能，但也受限于蓄热介质的类型和许用温度；等温压缩空气储能技术着重于减小压缩侧功率，采用资源丰富且成本低的水作为冷却介质，但也意味着膨胀侧进口空气温度不能被加热到较高温度，输出功率减小，最终整体系统功率未必提高。深冷液化空气储能和超临界压缩空气储能系统实际上属于同一类技术，均面临着大型蓄冷回冷技术难题和成本较高的问题，实际储能效率较低；高温绝热压缩空气储能系统（ADELE 为典型代表）适用于大规模压缩空气储能系统，然而其绝热高温的压缩方式和高温大容量蓄热技术较难实现，且填充式蓄热塔难以实现换热后气体的恒温，此外，在气体膨胀过程中对膨胀机的变工况运行能力要求极高；而基于分段压缩热回馈的先进绝热压缩空气储能系统在开发之初就面向实际工程化应用，关键部件的技术难度水平较低，系统易于实现，具有储能容量大、建设成本低、储能效率高、适应性强、冷热电三联供等特点，具有很好的应用前景。

压缩空气储能发电技术比较见表 2. 2-1。

表 2. 2-1　压缩空气储能发电技术比较

类型	规模/MW	效率/%	优点	限制	应用
等温压缩空气储能	1. 5～2	—	能耗小、结构紧凑、无二次排放	规模小、设备特殊	小型电网或分布式储能
液化空气储能系统	5	>50	能密度大	大型蓄冷回冷难度大、系统热损失严重、成本高、实际储能效率低	光热、地热或工业废热利用
超临界压缩空气储能	1. 5	—	能密度大	大型蓄冷回冷难度大、系统热损失严重、成本高、实际储能效率低	光热、地热或工业废热利用
高温绝热压缩空气储能系统	200	>70	效率高、无二次排放	设备特殊、成本高，难以实现	大中型电网，大规模储能
先进绝热压缩空气储能发电系统	0. 5～300	>50	系统简单、成本低、无二次排放、冷热电三联供	无限制	分布式能源系统、大电网调峰

注：效率均为对应工程的预期效率。

目前新型压缩空气储能发展的主要瓶颈是储能效率和造价成本，因此，其总体发展趋势是向摆脱地理和资源条件限制、提高效率、降低成本的方向发展。新型压缩空气储能系统一般具备压缩、储气、蓄热/冷、回热/冷、膨胀发电等子系统。系统的储能发电效率与各个子系统密切相关，因此可以通过提升各个子系统的性能来改善系统的储能效率。作为压缩过程中的核心部件，压缩机决定着储能过程中的效率。根据 CAES 系统的具体需求，开发大流量、高效率、高排气温度的压缩技术，通过合理提高压缩机的排气温度，进而提升系统的蓄热温度和回热温度，有助于提升系统的整体储能效率。蓄热回热系统是吸收压缩热传递给蓄热装置和释放压缩热用于空气膨胀前回热的关键设备，其参数对系统的储能效率影响极大。蓄热温度和回热温度越高，系统的损失越小，系统的储能效率也越高。通过提升蓄热回热系统的蓄热温度、蓄热回热效率，可进一步提升系统的整体储能效率。膨胀系统是释能过程中热功转换的核心部件，其效率的高低也直接决定着整个电站的储能效率。针对空气的热力特性，开发新型高效的空气透平是提高膨胀发电系统效率的关键。降低压缩空气储能的造价成本，其关键在于合理地进行系统优化配置，从而降低各个子系统的造价成本，其中储热系统和储气系统的成本最具有下降空间。为降低系统的建设成本，蓄热/冷技术将会成为研究重要方面，探索低成本蓄热/蓄冷工质，降低蓄热/冷系统的造价成本。随着国内外学者的不断研究与创新，压缩空气储能必将朝着低成本、高性能的方向发展。

2.3 非补燃式压缩空气储能发展趋势

作为一种大规模储能技术，先进绝热压缩空气储能具有储能容量大、使用寿命长、可靠性强的特点，而采用先进绝热压缩空气储能技术后的系统更具有环保无污染的优点，未来具有广阔的应用空间。传统压缩空气储能存在对地理条件和化石燃料的依赖，且应用局限性较大，而超临界压缩空气储能正处于实验研究阶段，深冷液化空气储能在国内暂无应用业绩，仅先进绝热压缩空气储能具有实际推广应用条件。目前先进绝热压缩空气储能发展的主要瓶颈是储能效率和造价成本，因此，其总体发展趋势是向摆脱地理和资源条件限制、提高效率、降低成本的方向发展。

2.3.1 提高系统效率

先进绝热压缩空气储能系统一般具备压缩、储气、蓄热、回热、膨胀发电等子系统。系统的储能发电效率与各个子系统密切相关，因此可以通过提升各个子系统的性能来提高系统的储能效率。

1）作为压缩过程的核心部件，压缩机决定着储能过程的效率。根据CAES系统的具体需求，开发大流量、高效率、高排气温度的压缩技术，通过合理提高压缩机的排气温度，进而提升系统的蓄热温度和回热温度，有助于提升系统的整体储能效率。

2）压缩空气储能以空气作为储能介质，要求储气系统具有容量大、压力高等特点。地下盐穴作为一种大容量储气装置，可承载超过17MPa的最高压力，因而储气室的压力波动设置在较小范围即可满足CAES的运行需求，并能够显著地提升系统储能效率。采用管线钢储气时一般需要多根管线钢组成阵列，因而可根据每次充放气深度具体调节参与充放气的管线钢单体根数，从而使压缩机组和膨胀机组总是维持在最佳的运行压力范围内，对压缩空气储能系统的储能效率提升亦有积极作用。

3）蓄热回热系统是吸收压缩热传递给蓄热装置和释放压缩热用于空气膨胀前回热的关键设备。其参数对系统的储能效率影响极大。蓄热温度和回热温度越高，系统的㶲损失越小，系统的储能效率也越高，通过提升蓄热回热系统的蓄热温度、蓄热回热效率，可进一步提升系统的整体储能效率。

4）膨胀系统是释能过程中热功转换的核心部件，其效率的高低也直接决定着整个电站的储能效率。因此，针对空气的热力特性，开发新型高效的空气透平是提高膨胀发电系统效率的关键。

5）从系统工艺流程方面考虑，改进系统的热力流程，强化系统各子系统间的耦合关系，探索新的储能发电系统工艺，也是提升系统储能效率的一个重要方向。

2.3.2 降低建设成本

降低压缩空气储能的造价成本，其关键在于合理地进行系统优化配置，从而降低各个子系统的造价成本，其中储热系统和储气系统的成本最具有下降空间。

1）为降低系统的建设成本，蓄热技术将会成为研究重要方面，探索低成本蓄热工质，降低蓄热系统的造价。对于高温蓄热系统，可借鉴目前成熟的光热蓄热技术，以降低系统的造价成本。

2）选择低成本的储气技术，利用地下盐穴、岩洞、矿洞等特殊地质条件进行储气。作为一种成熟的大容量储气技术，地下盐穴储气已经成功在天然气存储中获得了广泛的应用，其储气压力和规模完全满足 CAES 的需求，并且其造价远低于人造压力容器。

3）膨胀发电环节的紧凑化是压缩空气储能技术的另一个发展趋势。现有压缩空气储能系统中，电能输出是膨胀机通过机械传动装置带动发电机实现的，系统集成化程度较低且会对效率造成一定影响，基于膨胀发电一体化的气-电直驱能量变换技术，有利于提高系统的紧凑化程度，从而降低投资成本，为其应用的进一步推广提供基础。对于中小型压缩空气储能，应通过先进的电力电子技术，实现高速透平直连发电机，去除机械减速器，简化系统结构，提高系统的可靠性。通过采用目前先进的电力电子技术降低系统的造价成本。

4）压缩空气储能系统的辅助系统投资也占总投资的一定份额，通过合理的设计选择辅助系统形式和规格，既有助于保障系统安全高效的运行，也有助于系统成本的节约。例如在系统的管道阀门系统中，最大限度地减少弯道、变径、阀组及管道总长；在水冷系统中，合理设置冷却水温升、冷却塔降温方式等。

关键装备

3.1 非补燃式压缩空气储能系统关键设备

先进绝热压缩空气储能系统包括压缩机组、膨胀发电机组、换热器、蓄热回热装置、储气装置等。

3.1.1 压缩机组

3.1.1.1 功能及分类

压缩机是一种压缩气体提高气体压力或输送气体的机器，应用极为广泛。目前市场上压缩机的技术比较成熟，主要包括容积型与速度型两大类。其中，根据运动方式不同，容积型分为往复式活塞压缩机以及回转式压缩机，回转式压缩机常见的有螺杆式、涡旋式、滑片式、液环式等；速度型压缩机主要指透平式，根据介质在叶轮内的流动方向，又可进一步分为离心式和轴流式。

由于用于压缩空气储能系统的压缩机具有流量大、压力高的特点，目前适用于压缩空气储能系统的压缩机主要为活塞式压缩机、离心式压缩机和轴流式压缩机。

（1）活塞式压缩机

活塞式压缩机内部结构如图 3. 1-1 所示，在压缩过程，活塞从下止点向上运动，吸、排气阀处于关闭状态，气体在密闭的气缸中被压缩，由于气缸容积逐渐缩小，压力、温度逐渐升高直至气缸内气体压力与排气压力相等。压缩过程一般被看作等熵过程。在排气过程，活塞继续向上移动，致使气缸内的气体压力大于排气压力，排气阀开启，气缸内的气体在活塞的推动下等压排出气缸进入排气管道，直至活塞运动到上止点。此时由于排气阀弹簧力和阀片本身重力的作用，排气阀关闭，排气结束。至此，压缩机完成了一个由吸气、压缩和排气三个过程组成的工作循环。此后，活塞又向下运动，重复上述三个过程，如此周而复始地进行循环。这就是活塞式压缩机的理想工作过程与原理。

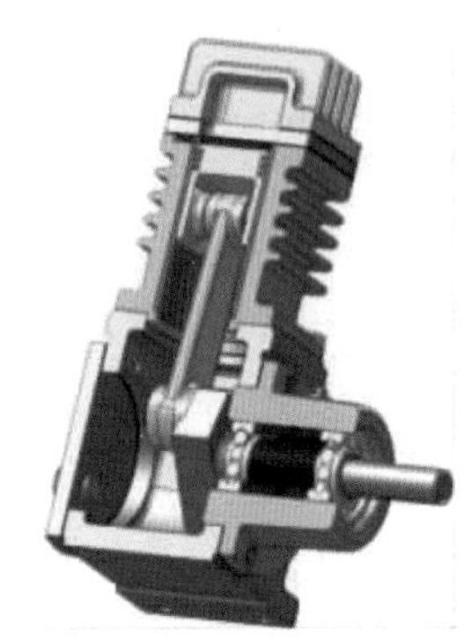

图 3.1-1　活塞式压缩机内部结构

应用于压缩空气储能系统时，活塞式压缩机具有以下优点：

1）能够达到的压力范围很广，因有气阀控制排气压力稳定。

2）机器效率高。

3）排气量范围广。

应用于压缩空气储能系统时，活塞式压缩机具有以下缺点：

1）在转速低、排气量较大时，机器显得笨重。

2）结构复杂，易损件多、日常维修量大。

3）动平衡性差，运转时有振动。

4）排气不连续、气流不均匀。

（2）离心式压缩机

离心式压缩机结构及外形如图 3.1-2 所示。气体由吸气室吸入，通过叶轮时，气体在高速旋转的叶轮离心力作用下压力、速度、温度都得到提高，然后再进入扩压器，将气体的速度能转化为压力能，当通过一个叶轮对气体做功、扩压后不能满足输送要求时，就必须把气体引入下一级进行压缩，为此，在扩压器后设置了弯道和回流器，使气体由离心方向变为向心方向，均匀地进入下一级叶轮进口。至此，气体流过了一个“级”，再继续进入第二、第三级等压缩，最终由排出管排出。

图 3. 1-2　离心式压缩机结构及外形

图片来源：厂商资料。

应用于压缩空气储能系统时，离心式压缩机具有以下优点：

1）排气量大，排气均匀，气流无脉冲。

2）转速高。

3）密封效果好，泄漏现象少。

4）有平坦的性能曲线，操作范围较宽。

5）易损件少，维修量少，运转周期长。

6）易于实现自动化和大型化。

应用于压缩空气储能系统时，离心式压缩机具有以下缺点：

1）操作的适应性差，气体的性质对操作性能有较大影响，在机组开车、停车、运行中，负荷变化大。

2）气流速度大，流道内的零部件有较大的摩擦损失。

3）有喘振现象，对机器的危害极大。

（3）轴流式压缩机

轴流式压缩机结构及外形如图 3. 1-3 所示。轴流式压缩机工作原理是依靠高速旋转的叶轮将气体从轴向吸入，气体获得速度后排入导叶，经扩压后再沿轴向排出。

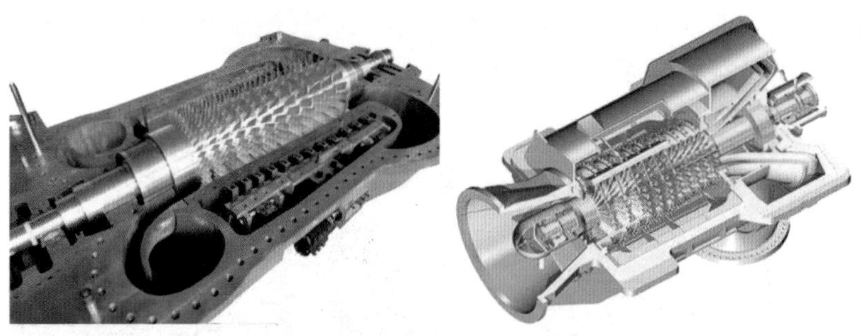

图 3.1-3 轴流式压缩机结构及外形

图片来源：西安陕鼓动力股份有限公司。

应用于压缩空气储能系统时，轴流式压缩机具有以下优点：

1）单位面积的气体通流能力大，在相同加工气体量的前提条件下，径向尺寸小，特别适用于要求大流量的场合。

2）结构简单、运行维护方便。

3）气流路程短，阻力损失较小，流量较大，效率比离心式压缩机高。

4）占用空间及重量更小。

应用于压缩空气储能系统时，轴流式压缩机具有以下缺点：

1）低压力比（最高为 10），主要是因为难以安装级间冷却装置。

2）制造工艺要求高。

3）稳定工况区较窄、在定转速下流量调节范围小。

4）有喘振现象，对机器的危害极大。

3.1.1.2 选型

压缩机已成为国民经济各个部门中的重要通用机械，不同类型的压缩机有不同的特点适用于不同的生产条件。

常见压缩机类型、压力、流量适用范围如表 3.1-1 所示。在压缩空气储能应用领域，压缩过程需要压缩到较高压力，因此回转式压缩机不适用。当系统压缩空气流量较低（<500Nm^3/min）时，可选择活塞式压缩机和离心式压缩机。两者均具有较高的效率，且一般情况下活塞式压缩机绝热效率要高于离心式压缩机。当系统在高压、小排气量的情况下时，轴流

式压缩机则因效率极低而不宜采用。具体选择种类要根据压缩机设计要求进行复算得到。

表 3.1-1　常见压缩机类型、压力、流量适用范围

类型	压力范围/bar	流量范围/（Nm^3/min）
活塞式压缩机	5~7000	0~500
回转式压缩机	0~30	0~500
离心式压缩机	5~700	50~5000
轴流式压缩机	0~20	1667~15000

当系统压缩空气流量>500Nm^3/min 时，适宜采用轴流式压缩机。轴流式压缩机与离心式压缩机相比，前者流量大，压力比小，而后者压力比大，流量小。考虑单独选择轴流式压缩机工作压力较低，因此适宜采用离心式压缩机，当流量逐渐增大时，离心式压缩机不能完全满足要求，为了充分利用它们的特点，可采用轴流-离心串联结构，低压部分采用轴流式，高压部分采用离心式，并安置在同一机壳内。

3.1.1.3　加工生产

压缩机相关厂家较多，国内厂家主要有沈鼓集团、西安陕鼓动力股份有限公司、杭州杭氧透平机械有限公司、开封空分集团有限公司等。国外厂家主要有阿特拉斯·科普柯、西门子。

沈鼓集团是中国装备制造业的战略型、领军型企业，肩负着为石油、化工、电力、天然气、冶金、军工等领域提供重大核心设备和成套解决方案的任务。沈鼓集团是高新技术企业，机械行业通用机械风机行业、压缩机行业和泵类行业的会长单位，承担着引领通用机械三大类行业的发展使命。

杭州杭氧透平机械有限公司是一家集科研开发、设计制造、咨询服务于一体的透平压缩机制造企业。其主业为研发、制造各类离心式压缩机、高速离心式鼓风机及离心式能量回收装置等，广泛应用于冶金、石油、化工、煤化工、制药、化肥、污水处理、供气站等领域。

西安陕鼓动力股份有限公司是为石油、化工、冶金、空分、电力、城

建、环保、制药和国防等国民经济支柱产业提供透平机械系统问题解决方案及系统服务的制造商、集成商和服务商。其传统产品包含轴流式压缩机、离心式压缩机等设备，其中，轴流式压缩机在国内市场上主要竞争对手是国际同行。轴流式压缩机相关技术曾荣获国家科学技术进步二等奖。

阿特拉斯·科普柯在压缩机设计制造领域处于国际领先水平，该公司可以针对客户的不同需求，提供最合适最完整的压缩空气解决方案。阿特拉斯·科普柯的压缩机制造精良，确保了最高等级的可靠性和经济性。其产品广泛应用于冶金、石油、化工、煤化工、制药、化肥、污水处理、供气站等领域。

西门子透平公司在压缩机设计制造方面也处于国际领先地位，其中德国 Huntorf 压缩空气储能电站的压缩机就由西门子公司提供，至今运行良好，但西门子透平公司主要生产大型压缩机，其中西门子 350MW 级压缩机已经标准化。

通过调研以上压缩机厂家可得出初步结论，国内大型压缩机制造厂家已具备设计制造大流量、高压力的主压缩机、循环压缩机的条件和基础，厂家根据压缩空气储能系统实际需求进行匹配选型可满足项目建设需要。

3.1.2 净化装置

先进绝热压缩空气储能系统对空气质量要求不高，主要净化目的是除去压缩机入口空气中的颗粒物，其次是去除各级压缩机排气被降温冷却后凝结出的大量的水，以避免对压缩机造成损害；在深冷液化压缩空气储能系统中，空气质量需要保持在较高水平，空气净化的目的是脱除空气中所含的机械杂质、水分、二氧化碳、烃类化合物（主要为乙炔）等杂质。对于空气中的悬浮物颗粒物，经空气过滤器脱除机械杂质，常用空气过滤器如图 3.1-4 所示。

图 3. 1-4 常用空气过滤器

图片来源：厂商资料。

3. 1. 3 换热装置

3. 1. 3. 1 功能及分类

换热器是将热流体的部分热量传递给冷流体的设备，又称热交换器。换热器在化工、石油、动力、食品及其他许多工业生产中占有重要地位。适用于不同介质、不同工况、不同温度、不同压力的换热器，结构也不同。按换热结构，换热器主要可以分为以下两类。

（1）管壳式换热器

管壳式换热器又称列管式换热器，是以封闭在壳体中管束的壁面作为传热面的间壁式换热器。这种换热器结构较简单，操作可靠，可用各种结构材料（主要是金属材料）制造，能在高温、高压下使用，是目前应用最广的类型。

管壳式换热器由壳体、传热管束、管板、折流板（挡板）和管箱等部件组成。壳体多为圆筒形，内部装有管束，管束两端固定在管板上，结构如图 3. 1-5 所示。进行换热的冷热两种流体，一种在管内流动，称为管程流体；另一种在管外流动，称为壳程流体。为提高管外流体的传热分系数，通常在壳体内安装若干挡板。挡板可提高壳程流体速度，迫使流体按规定路程多次横向通过管束，增强流体湍流程度。换热管在管板上可按等边三角形或正方形排列。等边三角形排列较紧凑，管外流体湍动程度高，传热分系数大；正方形排列则管外清洗方便，适用于易结垢的流体。

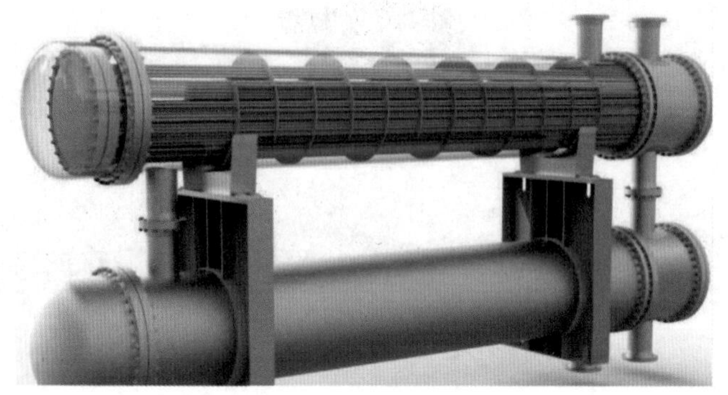

图 3. 1-5　管壳式换热器结构

流体每通过管束一次称为一个管程；每通过壳体一次称为一个壳程。为提高管内流体速度，可在两端管箱内设置隔板，将全部管子均分成若干组。这样流体每次只通过部分管子，因而在管束中往返多次，这称为多管程。同样，为提高管外流速，也可在壳体内安装纵向挡板，迫使流体多次通过壳体空间，称为多壳程。多管程与多壳程可配合应用。

（2）板式换热器

板式换热器是由一系列具有一定波纹形状的金属片叠装而成的一种新型高效换热器。各种板片之间形成薄矩形通道，通过板片进行热量交换。板式换热器是液-液、液-汽进行热交换的理想设备。它具有换热效率高、热损失小、结构紧凑轻巧、占地面积小、安装清洗方便、应用广泛、使用寿命长等特点。在相同压力损失情况下，其传热系数比管壳式换热器高3~5 倍，占地面积为管壳式换热器的 1/3，热回收率可高达 90%以上。

可拆卸板式换热器是由许多冲压有波纹薄板按一定间隔，四周通过垫片密封，并用框架和压紧螺旋重叠压紧而成，板片和垫片的四个角孔形成了流体的分配管和汇集管，同时又合理地将冷热流体分开，使其分别在每块板片两侧的流道中流动，通过板片进行热交换。典型的可拆卸板式换热器结构如图 3. 1-6 所示。

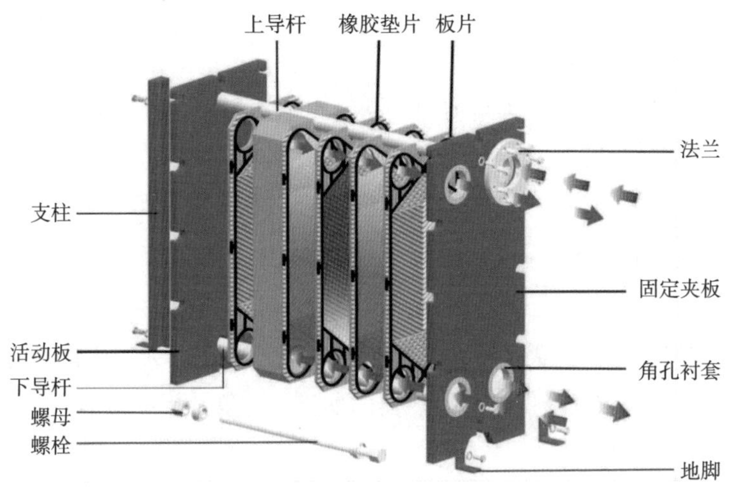

图 3. 1-6 可拆卸板式换热器结构

板式换热器结构紧凑，单位体积内的换热面积为管壳式的 2~5 倍，也不像管壳式那样要预留抽出管束的检修场所，因此实现同样的换热量，板式换热器占地面积为管壳式换热器的 1/5~1/8。增加或减少内衬板片的数量，即可达到增加或减少换热面积的目的；改变板片排列或更换几张板片，即可达到所要求的流程组合适应新的换热工况的目的。

换热器的设计结构较多，考虑压缩空气储能项目需求和工业生产的成熟度，仅针对管壳式换热器和板式换热器进行描述和对比，对于其他形式的换热器不再赘述。

3. 1. 3. 2 选型

(1) 管壳式换热器

管壳式换热器换热过程主要通过内部管子的壁面进行传热，其换热面积取决于管子的直径和长度，通常情况下为了提高换热器内部的换热程度，会增加扰流板等结构以在内部获得更好的传热能力。

其主要优点包括：

1) 可承受较高的工作温度和工作压力，管壳式换热器的耐热耐压能力主要取决于管子和壳体的设计，通过合理的加工设计，这类换热器的最高耐压可达数十兆帕，一般最高温度在600℃，甚至可以通过选择特殊材质达到上千摄氏度。

2）结构坚固，加工主要采用焊接封装工艺，因此装置结构较为坚固，运行的可靠性较高。

3）适用性广，管壳式换热器对流体的工质要求较低，通过简单的表面处理，即可满足对不同工质流体的运行要求，对流体的纯净度要求不高。

4）制造简单，这类换热器的制造加工工艺简单，无特殊的成型要求，即使考虑耐压需求的情况下，换热器的加工工艺复杂程度也不高。

其主要缺点包括：

1）传热效率不高，管壳式换热器的传热效率多为混流过程，因此传热效率相对板式换热器较低。

2）体积较大，由于换热面积为管子的壁面面积，在管子设计堆放的过程中，需要占据的体积较大。

3）出口温差较高，对于液-液的换热过程来说，一般的出口温差会达到5℃左右。

（2）板式换热器

板式换热器是一种通过板面进行换热的换热装置，在换热设计的时候为了提升换热器内部的传热能力，通常将板的表面加工成波纹状的结构，以通过产生湍流的方式提高表面的换热量。

其主要优点包括：

1）传热性能好，整个换热器内部的流体采用正流或者逆流的方式，内部流动传热效果较好。

2）体积小，重量轻，由于采用板式的换热方式，增加了单位体积内的换热面积，因此可以在较小的空间内获得更多换热面积，相同换热能力条件下，其体积一般是管壳式换热器的1/5左右，可以减少金属材料的消耗。

3）出口温差小，对液-液换热过程来说，一般的出口温差可以达到1℃左右。

其主要缺点包括：

1）承压能力差，由于采用板间密封压制成型的工艺，因此承压能力较差，对于工业化的产品来说一般耐压能力在 5MPa 以下。

2）使用温度低，由于板片之间需要采用专门的密封材料，密封垫片会有最高使用温度的限制，一般不高于 250℃。

3）密封周边较长，密封难度大，因此在使用过程中易出现渗漏的现象。

考虑到实际运行过程中，较多地涉及高温和高压的换热过程，尽管在换热能力和体积上板式换热器有一定的优势，但是高温过程和带压的换热过程决定了实施中应该主要考虑采用管壳式换热结构。

3.1.3.3 加工生产

国内化工及动力设备配套厂家均具备换热器设计加工能力，且先进绝热压缩空气储能系统中应用的高温换热设备可参考光热系统换热设备，深冷液化空气储能系统中应用的低温换热设备可参考空分系统换热设备，国内知名大型厂家均在相关领域积累了丰富的经验，可开展换热装置的设计和计算工作，针对压缩空气储能系统工作特点及参数完成换热器的加工设计并完成组装，因而可选范围较广。

3.1.4 膨胀机

3.1.4.1 功能及分类

膨胀机利用了压缩气体膨胀降压时势能转化为动能的原理，在气体膨胀的同时气体温度也会降低。现有膨胀机主要分为速度式与容积式两大类。根据运动形式的不同，容积式膨胀机分为往复式活塞膨胀机和旋转式膨胀机，旋转式常见的有螺杆式膨胀机、涡旋式膨胀机等，其中螺杆式膨胀机又可细分为单螺杆式与双螺杆式。速度式膨胀机以气体膨胀时速度能的变化来传递能量，膨胀过程连续进行，流动稳定。速度式膨胀机的主要类型是透平式膨胀机，根据介质在叶轮内的流动方向，透平式膨胀机主要分为径流式和轴流式。本节就压缩空气储能系统可采用的活塞式膨胀机、径流式膨胀机和轴流式膨胀机进行介绍。

（1）活塞式膨胀机

活塞式膨胀机结构如图 3. 1-7 所示，气体膨胀时推动活塞运动，并通过曲轴连杆结构将活塞的往复运动转化成曲轴的旋转运动，向外输出机械功。其中，活塞在气缸内每来回动作一次，就完成进气-膨胀-排气-余气压缩一个循环。活塞式膨胀机内部主要有曲轴、连杆、十字头、活塞、排气阀和进气阀等运动件，分别装在机身、气缸和中间座中。

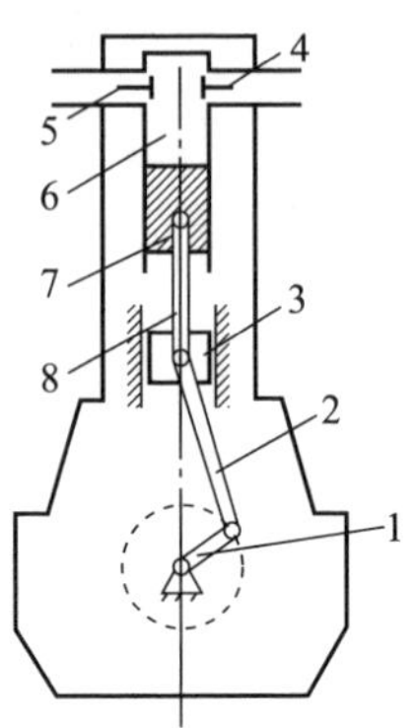

1——曲轴；2——连杆；3——十字头；4——排气阀；
5——进气阀；6——气缸；7——活塞；8——活塞杆

图 3. 1-7　活塞式膨胀机结构

应用于压缩空气储能系统时，活塞式膨胀机有以下优点：

1）结构简单，制造技术成熟，对加工材料和加工工艺要求比较低。

2）容易实现高压比，能用于非常广泛的压力范围。

应用于压缩空气储能系统时，活塞式膨胀机有以下缺点：

1）流量小，转速低，做功不连续。

2）存在进、排气阀流动阻力、机械摩擦等损失，工作过程阻力损失大，效率低。

3）结构笨重，运行噪声大，不适合大型应用。

4）活塞环更换频繁，运行维护频率高。

（2）径流式膨胀机

径流式膨胀机是利用气体膨胀时速度能的转化来传递能量，将气体的热能、压力能和动能转化为膨胀机机械能的动力机械，径流式膨胀机结构如图 3. 1-8 所示。气体由膨胀机的蜗壳进入，气体的压力能和热能一部分转化为动能；气体流过喷嘴叶片环，部分压力能转化成动能，气体速度加大而温度、压力下降，且具有很强的方向性，喷嘴出口处气体获得巨大的速度并均匀而有序地流入膨胀机的叶轮；气体进入叶轮后，由于离心力作用，在叶面的凹面上压力得到提高，而在凸面则降低，作用在叶片表面的压力的合力，产生了转矩，在工作叶轮出口处压力、温度、速度均下降。叶轮一方面使得高速气体的动能转化为机械能，由主轴向外输出做功，气体温度降低获得冷量，另一方面改变了气体的流动方向，使它由径向流动转变为轴向流动。为了使工作流体避免减速运动，以减少流动损失，充分利用能量，在工作叶轮出口外设置扩压器，经过扩压器气体速度降低。

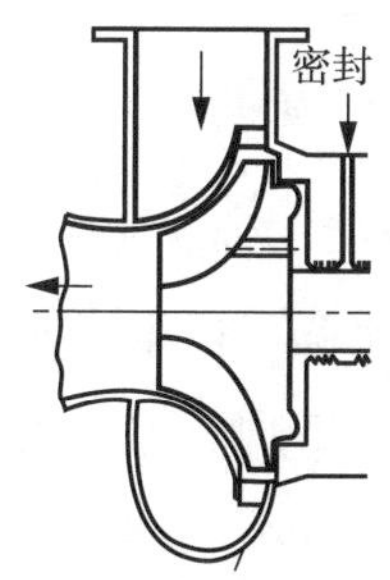

图 3. 1-8　径流式膨胀机结构

应用于压缩空气储能系统时，径流式膨胀机有以下优点：

1）效率高。在容积流量较小情况下此优点更为明显。

2）周向速度可达 450~550m/s，膨胀机能获得大的比功和效率。

3）由于叶轮流动损失对于涡轮效率的影响较小，使流通部分的几何偏差对效率影响不敏感，可采用较简单的制造工艺。

4）重量轻，叶片少，结构简单可靠。

应用于压缩空气储能系统时，径流式膨胀机有以下缺点：

1）流量受约束。

2）径向外壳尺寸较大。

（3）轴流式膨胀机

轴流式膨胀机同样利用气体膨胀时速度能的变化来传递能量，结构功能类似于径流式膨胀机，不同点在于径流式膨胀机气体进入工作叶轮时由径向流入，而轴流式膨胀机则由轴向流入。轴流式膨胀机外形如图 3. 1-9 所示，轴流式膨胀机的叶轮可多级串联。

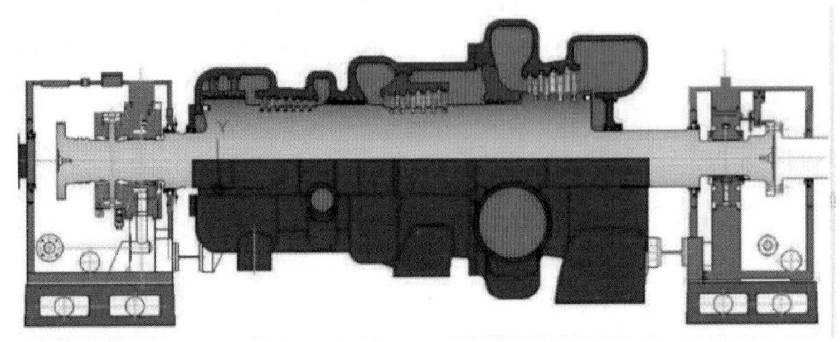

图 3. 1-9　轴流式膨胀机外形

图片来源：哈尔滨汽轮机厂有限责任公司。

应用于压缩空气储能系统时，轴流式膨胀机有以下优点：

1）轴流式膨胀机通流能力强，适用于要求大流量的场合。

2）易实现多级串联，从而实现总体上的高压比，但需要的叶片数多。

3）气流路程短，效率高于径流式膨胀机。

应用于压缩空气储能系统时，轴流式膨胀机有以下缺点：

1）流量小时，流道细，摩擦损失增加，效率会降低。

2）制造工艺要求高。

3. 1. 4. 2　选型

不同类型的膨胀机有不同的特点，适用于不同的生产条件。其中，活塞式膨胀机的适用范围主要是中高压力（<70bar）、中小流量。螺杆式膨胀机主要适用于低压力（<30bar）、中小流量。径流式膨胀机适用于中高压、中大流量。轴流式膨胀机适用于低压（单级压比不超过 2）、大流量。

在空气储能应用领域，考虑膨胀机进口压力较高，适宜采用径流透平和轴流透平，透平膨胀机选型见表 3. 1-2。

表 3.1-2 透平膨胀机选型

类型	折合流量/（kg/s）
径流式	<0.15
根据需求决定径流式或轴流式	0.15~0.5
轴流式	>0.5

3.1.4.3 加工生产

当前，我国石油、化工、冶金、空分等行业所用的透平膨胀机大部分从国外进口。特别是应用于石化、天然气领域的低温膨胀机，如液化石油气（LPG）、液态天然气（NGL）、液化天然气（LNG）等工艺流程的膨胀机基本完全进口，大型空分用制冷膨胀机也主要为国外厂商所垄断。国外厂家主要有阿特拉斯·科普柯、西门子·德莱赛兰、GE 和德国 MAN TURBO 公司等。近年来，国内各透平机械制造商也在透平膨胀机领域加大研发力度，并且已取得了部分成绩。国内厂家主要有沈阳鼓风机集团齿轮压缩机有限公司、陕西鼓风机集团、杭氧膨胀机有限公司、四川空分、开封空分等。

阿特拉斯·科普柯、西门子·德莱赛兰、GE 和德国 MAN TURBO 公司均是世界知名的膨胀机制造公司，阿特拉斯·科普柯制造的膨胀机主要以单级或二级为主，不符合多级膨胀系统的要求。西门子·德莱赛兰、GE 和德国 MAN TURBO 主要以制造大型膨胀机为主，设备绝热效率可达 90%以上。

美国 GE 公司动力系统成员之一 Rotoflow 公司是世界上最大的烯烃透平膨胀机生产基地。该公司研制了世界上第一台天然气压缩机，自此该公司就一直引领烯烃透平膨胀机技术的发展。其透平膨胀机进口压力最高可达 200bar（A）；进口温度最高可达 475℃，最低可达到−270℃；流量最大可达 50 万 kg/h，转速最高可达 12 万 r/min，介质范围包含所有碳氢化合物。40 年来，该公司共设计制造了 3500 余台高技术含量的膨胀机设备。一般情况下，其膨胀机主要采用向心透平。但是，在精炼厂等环境下的高温尾气能量回收膨胀机中也采用轴流透平膨胀机。

西门子·德莱赛兰公司在能量回收透平膨胀机领域一直是杰出的供应商之一，基本可以满足用户的各种工艺要求。其透平膨胀机可分为高温（870℃）与中温（535℃）两种类型，输出功率最高可达 13 万 kW，主要应用在流化床催化裂化装置（FCC）、硝酸装置、压缩空气储能（CAES）发电装置和航空发动机等能量回收装置中。在 FCC 装置能量回收透平膨胀机上，该公司有 30 余年设计制造、安装维护的经验，在世界 FCC 市场上占有率超过 60%。FCC 装置用透平膨胀机有以下特点：单级或双级悬臂刚性转子，先进的表面处理技术提高叶片寿命，760℃的入口温度，配有叶片视窗、金斯伯雷轴承、机壳热应力最小化设计。在硝酸装置中，该公司自 1956 年开始研制出第一台高效高温多级能量回收透平以来，共生产了 60 余套。其主要特点有：进口温度最高可达到 704℃，进口压力最高可达到 1.7MPa，3~5 级设计以满足最优能量回收方案，高压低压分体设计，可倾斜瓦块式轴承。该公司应用于透平机械的领先技术包括：动力学仿真分析系统、叶片应力及频率分析系统、CFD 计算流体力学分析、Unigraphics CAD/CAM 软件、转子动力学分析系统、先进的控制理论等。

德国 MAN TURBO 公司在透平膨胀机方面也拥有较多的设计制造经验，可以设计制造单级或多级、轴流或向心多种形式的透平膨胀机。进口温度最高可达 760℃，进口压力可达 20bar（A），输出功率可达 30000kW。应用领域主要有煤气化联合循环发电装置（IGCC）、催化裂化装置（FCC）、硝酸装置、精对苯二甲酸装置（PTA）、高炉炉顶能量回收装置（TRT）。

总体来看，由于国外膨胀机技术垄断，加上国内各制造厂商在透平膨胀机方面起步较晚及透平膨胀机技术的复杂性，我国与国外相比仍有较大的技术差距。2022 年东方汽轮机有限公司为金坛项目研制的首台百兆瓦级膨胀机投入使用，标志着国产膨胀机基本达到国际先进水平。

3.1.5 测控系统

3.1.5.1 需求分析

先进绝热压缩空气储能发电系统由空气压缩子系统、高压储气子系统、回热利用子系统和透平发电子系统组成，工作过程中不仅要保证各个子系统的稳定运行，还要保证其具有实现协同自律控制的功能。因此，有必要建立压缩空气储能发电系统协同自律控制平台。协同自律控制平台应满足以下主要功能。

1）数据采集：采集空气压缩子系统、高压储气子系统、回热利用子系统和透平发电子系统的量测和状态信息。

2）数据处理：将采集的数据处理成系统内部数据，保存到数据库服务器供其他应用使用。

3）数据显示：数据可视化处理、图形与拓扑结构互动，多媒体友好交互式的信息显示和发布，建立各种综合信息显示图表（系统全局监视图、子页面监视图、参数配置表）。

4）监视控制：监视设备状态，可实时、自动、人工控制设备运行。

5）报警处理：系统变位、参数越限等信息处理。

6）信息存储与报告：所有信息按照条件存入历史数据库，遥测数据周期性定时存储以及告警、操作、事件等全部存入历史数据库，便于以后查阅和分析。

7）“风-光-储”协同自律控制：内置“风-光-储”协同自律控制算法，通过算法给定控制输入量，以达到协同自律控制功能。

3.1.5.2 设备控制

实现对压缩空气储能系统各个设备具体运行信息的监控以及协同自律控制功能，需要根据数据点表采集各个设备的运行信息。

（1）透平机

通过透平机 PLC 的数据点表可监控透平机的实时运行状态，包括进气气压和温度、出气气压和温度、透平振动程度以及报警信息等。采集得到的数据通过通信服务器上传至数据库。

（2）空气压缩机

空气压缩机 PLC 的数据点表记录了空气压缩机工作过程中的实时数据和告警信息，并通过通信服务器传输至数据库。

（3）储气系统

储气回热系统 PLC 的数据点表记录了储气装置工作过程中的实时数据和告警信息，并通过通信服务器传输至数据库。

（4）蓄热回热系统

蓄热回热系统 PLC 的数据点表记录了蓄热回热系统工作过程中的实时数据和告警信息，并通过通信服务器传输至数据库。

（5）发电机

发电机 PLC 的数据点表记录了发电机工作过程中的实时数据（如机端电压和电流、励磁电压和电流、频率等）和告警信息，并通过通信服务器传输至数据库。

3.1.6　液化设备

3.1.6.1　液化装置

液化装置与空分系统的共同点在于都要将空气压缩、液化，国内空分装置的主要供应商有杭州杭氧股份有限公司、开封空分集团有限公司、四川空分设备（集团）有限责任公司等。国外空分装置的主要供应商有法国液化空气集团、德国林德集团、美国空气化工产品有限公司等。空气液化设备应用已经十分成熟，且用于液化空气储能单元的空气液化系统与空分设备基本相同，国内外厂商均可通过参数定制满足相关液化技术要求。2017 年神华宁煤 6 套 $10\times10^4m^3/h$（标准）国产空分的成功运行，标志着国内空分成套技术与核心部件实现重大突破。

3.1.6.2　蓄冷装置

蓄冷装置是通过冷能载体实现低温冷能的储存和释放过程的一个换热器，其用途是通过储冷的方式克服系统运行时冷能的发生和需求不同步的问题，确保了冷能的高效回收，同时也为液化过程提供所需的回冷冷能。在蓄冷装置的设计中主要参考了储热式换热器（填充床式换热器）的设计方案，储热式换热器能够通过多孔填料和基质的短暂能量储存，将热量从一种流体传递到另外一种流体，该技术目前已有成熟的应用。在蓄冷时，低温气流流过储热式换热器中的填料，冷量从气流传递到填料，气流温度升高。在冷能释放阶段，高温流体流经储冷体，流体从储冷填料中将冷能带出，完成冷能的再利用过程（回冷）。

低温蓄冷技术是液化空气储能系统的核心，决定了系统能量转化率。依托低温蓄冷技术存储液态空气复温过程中产生的高品位冷能，可以用于预冷液化系统中的高压空气，大幅提高了空气液化率。2017 年中科院理化所团队在廊坊中试基地完成了 100kW 低温液态空气储能示范平台的建设，取得了良好的实验结果。

3.1.6.3 气化装置

气化装置即将液态气体加热直到气化（变成气体）的设备，简单地说，就是过冷的液态气体通过气化装置（气化器）之后变成气态，加热可以是间接的（蒸气加热式气化器，热水水浴式气化器，自然通风空浴式气化器，强制通风式气化器，电加热式气化器，固体导热式气化器或传热流体），也可以是直接的（热气或浸没燃烧）。为了提高液化空气储能系统效率，一般利用压缩热来进行间接加热。液态气体气化技术在液化天然气中应用较为广泛，由于 LNG 的温度为-162℃，与液化空气的温度（-170℃）较为接近，因此可套用现有的 LNG 系统开展深冷液化空气储能系统的气化器选型。

3.1.7 设备厂家实绩

3.1.7.1 沈鼓集团

1）具备 150MW 空气储能等级（最大气量 850t/h）单线压缩机组的研发、设计、制造能力。

2）具备 150MW～300MW 空气储能等级的压缩机研发能力。

3）针对排气温度在 200～450℃ 的高温空气储能压缩机，沈鼓集团具备设计、材料应用、加工制造等技术能力。

4）具有制造排气压力达到 37MPa 离心式压缩机的能力。

5）根据用户需求，可提供包括单轴离心、多轴离心、轴流等不同类型的压缩机。

6）具备多线压缩机启停控制技术，并于长输管线项目中广泛应用。

7）具备快速启车技术，在金坛项目中已经实现手动 30 分钟注气，并具备进一步压缩启车时间的能力，最终能够实现一键 15 分钟快速启车。

8）具备 50MW 大功率齿轮箱业绩，属国内领先，并具备更大功率齿轮箱的开发能力。

9）具有最高到 120MW 大功率驱动电机及配套变频装置的应用业绩。

10）具备大型离心式压缩机厂内机械运转及性能试验能力。

国内先进绝热压缩空气储能示范工程“中盐金坛 60MW 储能电站”已经完成设备安装及系统调试，储气段按照设计预期成功注气（图3.1-10），发电端已完成实验并网发电。

图 3.1-10　金坛项目压缩机实现注气

图片来源：沈鼓集团股份有限公司。

3.1.7.2 陕鼓动力

西安陕鼓动力股份有限公司（简称陕鼓动力）成立于1999年，是以陕西鼓风机（集团）有限公司（1968年建厂）生产经营主体和精良资产为依托发起设立的股份有限公司，2010年4月在上海证券交易所A股上市（股票代码601369）。该公司致力于成为能源、石油、化工、冶金、空分、电力、智慧城市、环保、制药和国防等国民经济支柱产业的分布式能源系统方案解决专家，构建了以分布式能源系统解决方案为圆心的"1+7"业务模式，为用户提供设备、EPC、服务、运营、产业增值链、智能化、金融七大增值服务。

陕鼓动力的主要产品有轴流式压缩机、离心式压缩机、透平式膨胀机和汽轮机。陕鼓动力技术研发实力雄厚，建有国家1993年首批认定的国家级技术中心、2004年批准设立的博士后科研工作站、院士专家企业工作站、三秦学者工作站；设有陕鼓能源动力与自动化工程研究院、工程设计研究院，在德国设立海外研发中心，聚焦分布式能源领域及先进压缩机、透平机等前沿技术研发，与国内外30余所高校、科研院所以及6家国际同行、100多家企业和供应商开展产学研用配合研发。陕鼓动力研制的国内8万Nm^3/h、10万Nm^3/h等级以上大型空分压缩机组，45万t等级大型硝酸四合一机组，$5050m^3$高炉鼓风机组，大型高炉煤气余压透平发电装置（TRT）等多项节能环保技术，填补国内空白。自主研制的节能环保产品轴流式压缩机及工业流程能量回收装置获中国制造业"单项冠军产品"，产量居全球第一。冶金余热余压能量回收同轴机组BPRT、SHRT应用技术荣获国际"十大节能技术和十大节能实践"奖。

1979年引进瑞士SULZER公司全套轴流式压缩机设计及制造技术，1986年实现全部国产化，21世纪后，通过陕鼓欧洲研发中心与国外一流研发机构合作进行轴流式压缩机技术升级与新技术研发，2013年国产首（套）连续式跨音速风洞压缩机投运；2015年首台（套）$5050m^3$高炉鼓风机组投运；2019年完成全球最大的AV140机型开发及轴流式压缩机新叶型的开发测试，并实现市场订货；2020年完成首台（套）高压比轴流式压缩机 AVH50-7 开发工作；2021 年完成轴流+离心复合式压缩机的开发及测试，形成 AV（A）、AVH、AEZ 三个产品系列。陕鼓动力全系列轴流压缩机能够满足 6 万~120 万 Nm^3/h、单缸压比 1.2~10 要求，为全球提供 2600 余台轴流压缩机，包括 5 台 AV140（全球最大）、2 台 AV125 及 50 余台 AV100 轴流压缩机组。轴流压缩机效率高达 92%~93%，国内市场占有率约 95%。先后获得国家科学技术进步二等奖、制造业单项冠军、中国名牌产品等荣誉。

1975 年第一台离心压缩机 EI350-0.9/0.97 研发成功，1989 年与瑞士 SULZER 公司签订合作制造等温型离心压缩机协议，1995 年与瑞士 SULZER 公司签订合作制造流程气离心压缩机协议，1997 年引进俄罗斯圣彼得堡大学气动计算软件、高效基本级系列，2000 年与中科院联合开发离心压缩机气动计算软件、高效基本级系列，并在后续多次升级优化，2002 年与德国 MAN TURBO 公司签订离心压缩机全面合作协议，2004 年组建陕鼓海外团队（2017 年成立陕鼓欧洲研发中心），全方位升级物性程序、离心压缩机计算软件、高效基本级系列。目前陕鼓离心压缩机已覆盖全工业领域，压缩介质包括空气、氮气及所有工艺气体。结构形式包括等温型、水平剖分型、筒型以及齿轮式压缩机产品系列，最大流量 72 万 Nm^3/h，最高压力 25MPa，压缩机效率最高达 88%以上，处于国际领先水平，为全球提供 3000 余台高效离心压缩机。先后荣获国家科学技术进步二等奖、陕西省及西安市科学技术进步奖等。

在空气储能领域，陕鼓动力为湖北应城 300MW 压缩空气储能电站示范项目提供 8 台轴流+离心组合压缩机组，创造了非补燃压缩空气储能领域单机功率世界第一、储能规模世界第一、转换效率世界第一。陕鼓动力中标国电投疆能公司定西市 10MW 压缩空气项目，同为轴流+离心组合方案，为全球首个压缩空气+锂电池组合式共享储能电站。

陕鼓轴流压缩机自 1979 年全套引进瑞士苏尔寿后，历经 40 余年的发展，开发出了最先进的叶型，压缩机效率全球领先。特别是在超大型轴流压缩机组方面（AV/A100、AV125、AV140 等）有超过 60 台（套）应用业绩，是全球唯一拥有超大功率电驱轴流压缩机组快速启停及运行控制经验的制造商。压缩空气储能项目部分供货业绩见表3.1-3。

表3.1-3 压缩空气储能项目部分供货业绩

序号	产品型号	项目名称	数量/台（套）
1	AV100-13 AV63-13 EB71-3 EB56-3	湖北应城300MW压缩空气储能项目（150MW×2）	8
2	E45-5 EG25-2	国家电投新型储能压缩机和透平机组研发	2
3	AV50-16 EG56-6 EG25-2	定西市通渭县压缩空气+锂电池组合式网侧共享储能电站创新示范项目EPC总承包工程空气压缩机组	3

陕鼓动力基于国际领先的轴流及离心技术，结合压缩空气储能工况特征，形成了针对大型压缩空气储能的轴流+离心方案。陕鼓方案严格执行轴流及离心压缩机标准规范，采用最新一代的基本级技术，在保持了结构本体成熟可靠性的前提下，实现了最优的气动性能指标。陕鼓为绿发60MW液态空气储能项目提供的即为标准化解决方案中的选型，能够为客户在后期设备检维护、备件“零库存”情况下提供性能优越、安全可靠、检维修便利及低运行成本的解决方案。

3.1.7.3 哈电汽轮机公司

（1）膨胀机、压缩机方面

哈电汽轮机公司可承制各种参数和容量的空气透平和压缩机。技术优势主要包括：

1）拥有先进且全面的设计考核体系，对设备设计参数选型、一维热力计算、三维气动计算、强度校核、轴系校核、结构设计、气封系统、油系统、控制系统均有成熟可靠的设计考核体系。

2）产品全面，参数覆盖范围广，现有空气透平功率覆盖范围为1MW~300MW等级，现有轴流式压气机产品容量涵盖4万~60万Nm^3/h，现有离心式压气机产品涵盖1MW~60MW压缩空气储能电站应用。

3）拥有丰富旋转机械设计经验，设计及生产的旋转机械类型包括火电汽轮机、核电汽轮机、工业汽轮机、联合循环汽轮机、轴流式和离心式压缩机等，最高设计转速超过20000rpm，涉及的透平工质包括水蒸气、空气、二氧化碳、烟气、氦气等多种工质。

4）拥有先进叶型库、末级长叶片系列及其他提效技术。

5）强大的工艺设计和设备加工能力，保证设计技术的可实现性。

（2）换热器方面

换热器设备类型：发夹式换热器、固定式换热器、U形管换热器等。技术优势：发夹式换热器采用自主开发纯逆流换热结构以及大弯管发夹式结构，自主研发了整体支座结构、尾部支撑防震结构，具有高压入孔适应压缩空气储能温度变化大、压力高、换热功率大等特点。固定管板式换热器及U形管换热器采用全焊透结构，无泄漏风险，换热效率高。同时对于吨位小的换热设备，研发了堆叠式固定管板换热器和U形管换热器，大幅节约占地面积。

（3）压缩空气储能设备的应用业绩及运行情况

1）空气透平：正在实施的三峡集团乌兰察布“源网荷储一体化”关键技术研究与示范项目配套膨胀机模块，为国内首台双转速三次再热10MW等级空气透平，实现全滑压范围恒定功率输出；正在实施的中国绿发集团青海省储能“揭榜挂帅”液态压缩空气储能示范项目膨胀发电机组，机组容量60MW，为全球最大容量液态空气储能项目膨胀发电机组。

2）换热器：江苏金坛60MW压缩空气储能项目油气换热器（发夹式）、汽水换热器（固定管板式）、汽水冷却器（U形管式），目前项目已运行，换热器性能良好。三峡集团乌兰察布“源网荷储一体化”关键技术研究与示范项目储换热模块换热器，湖北应城300MW压缩空气储能示范工程膨胀侧及压缩侧换热器设备，目前正在实施。

（4）产品储备及技术储备

1）产品储备包括：1MW~300MW空气透平、1MW~60MW压缩机；绿发60MW三次再热空气透平见图3.1-11，300MW一次再热空气透平见图3.1-12。

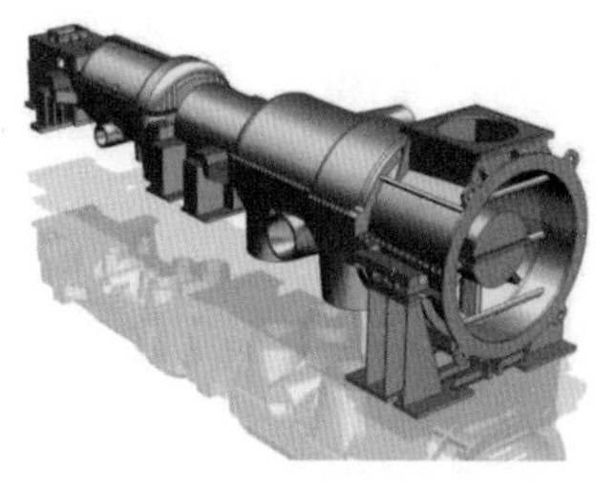

图 3. 1-11 绿发 60MW 三次再热空气透平

图片来源：哈尔滨汽轮机厂有限责任公司。

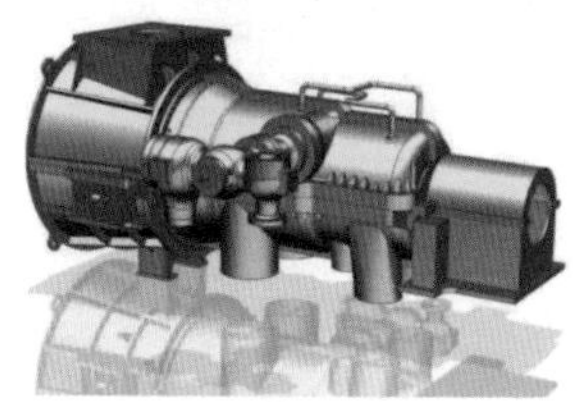

图 3. 1-12 300MW 一次再热空气透平

图片来源：哈尔滨汽轮机厂有限责任公司。

2）技术储备：高效反动式叶型、补气调节技术、蜗壳进气技术、轴向低压损排气技术、智慧化气封技术、全生命周期寿命核算技术、完备末级长叶片储备。

3. 1. 7. 4 东方汽轮集团

为了提高金坛机组的经济性，东方汽轮集团（简称东汽）针对该机组采取了如下措施。

（1）应用先进的叶型设计技术

机组高、低压缸采用东汽高效的 DAPH 反动式通流技术。该通流技术采用高负荷低型损-后加载的静、动叶片型线，从根本上解决了传统设计的减小型面尾迹损失同时减小端部二次流损失的矛盾问题。典型动叶片的载荷分布规律如图 3. 1-13 所示。

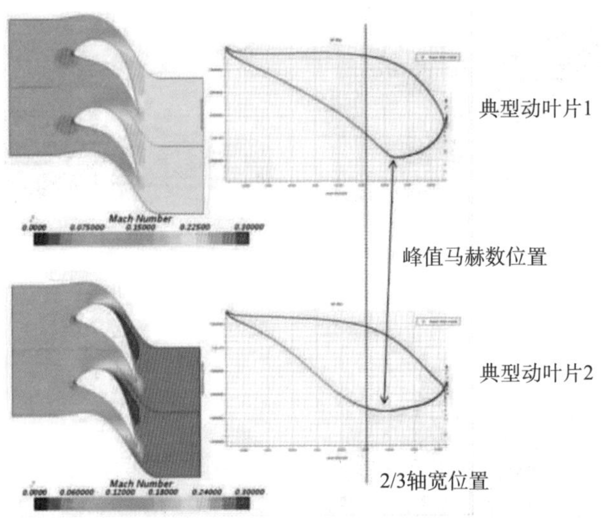

图 3.1-13　典型动叶片的载荷分布规律

（2）应用相对叶高设计优化技术

提高相对叶高后，动静叶表面二次流损失所占比例都大幅降低，可以有效提高级效率。从图 3.1-14 可知，总效率随着相对叶高的增加而升高，但增加到一定程度后趋势放缓。机组的通流级数和每级气道高度采用先进的相对叶高优化技术得到，确保具有最优的通流级数和最佳的气道高度。

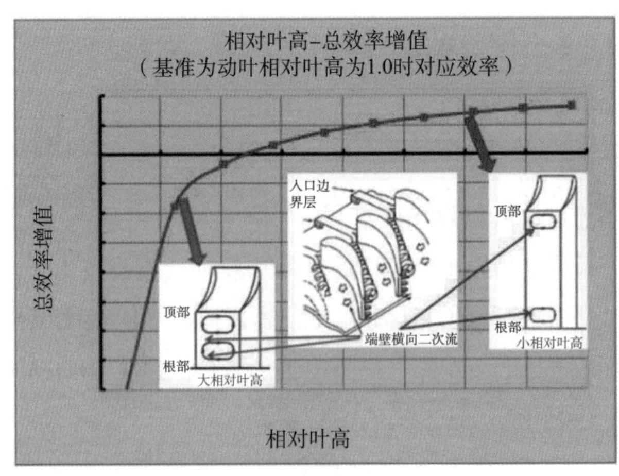

图 3.1-14　效率随相对叶高的变化

（3）应用复合流型设计技术

机组采用静动叶复合流型优化技术，通过控制叶片入口沿径向的密流分布规律，降低叶片高损失区域的密流，在传统的流型设计方法基础之上可以进一步提高通流效率。静动叶壁面极限流线及能量损失见图3. 1−15。

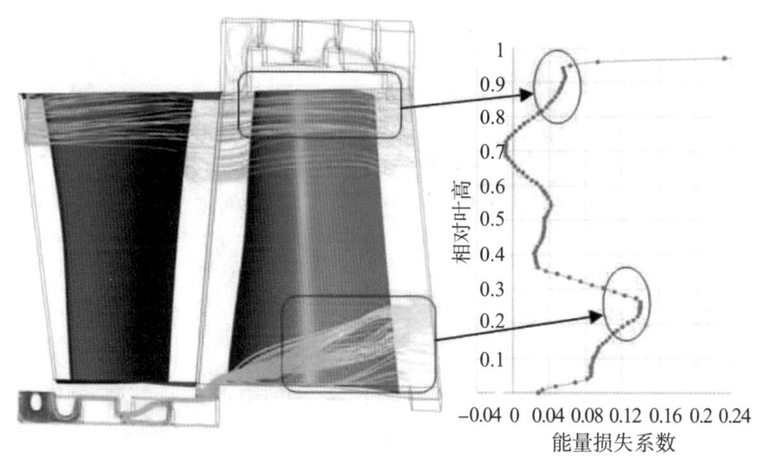

图 3. 1−15 静动叶壁面极限流线及能量损失

从图 3. 1−15 可以看出，动叶顶部流动均匀，为低损失区，动叶根部主气与静叶根部气封漏气掺混，形成了高损失区。通过优化静、动叶片的流型规律，可以减小上游泄漏流动与下游主流之间的掺混损失。

（4）控制漏气

反动式通流的叶顶反动度通常较高，其动叶顶部的漏气控制就显得尤其重要，因此在通流设计中要将控制叶顶反动度和采用先进气封有效结合起来。

在机组的通流设计中，采用最新的混合加载流型控制，使根部到顶部反动度增加趋势减缓，降低叶顶反动度的同时，适当增大根部反动度，以同时降低静叶根部和动叶叶顶漏气对级效率的影响。机组反动式通流采用镶齿气封结构形式。

（5）应用高效阀门

针对该机组，东汽在高压缸中采用高效低型损阀组，该阀门经过 CFD 计算优化和吹风试验验证；同时，通过降低阀门的流速、缩短主气阀和调节阀的距离、将高压主气调节阀直接与机组连接等措施减小进气管道的压损，从而有效地降低高压主气调节阀门的压损。

该阀组的设计采用国际上通用的数值计算和气动试验结合的手段进行，开发前期进行理论分析研究，进行大量的分析及数值计算，根据性能分析结果进行优化，得到具有自主知识产权的高效稳定的阀组，典型阀门三维流线分布如图 3. 1-16 所示。

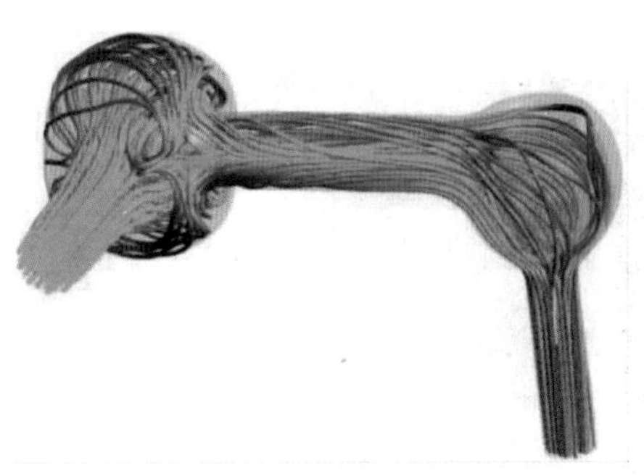

图 3. 1-16　典型阀门三维流线分布

东汽与西安交通大学合作对该阀组进行了试验，试验中测量了该方案阀组的流量系数和提升力、相对压损等，同时还测量了该方案阀组在不同开度下的噪声及振动特性，试验表明该方案阀门气动性能、振动和噪声水平优良。东汽采用数值计算和气动试验等技术结合开发的该类阀组，已用于众多火电、联合循环 ST 及光热发电项目。

（6）应用先进汽封技术

空气透平作为一种高速旋转机械，动静间必然存在一定间隙。机组通流部分，由于各级存在一定压差，在静叶顶部和转子间隙处，以及动叶顶部与气缸（或持环）间隙处均存在漏气。另外，机组两端主轴穿出气缸处，高压空气也会从动静间隙向外泄漏。这些都会增大漏气损失，使机组的效率降低。因此，采用先进的气封技术可以有效减少气封漏气，提高机组的经济性。常用的气封有镶齿气封、侧齿气封、蜂窝气封、布莱登气封、接触式气封、刷式气封、DAS 气封等。

镶齿气封结构是气封的经典结构之一，应用广泛，具有结构简单、标准化、安全可靠等特点，相对于刷式等其他气封，镶齿气封单位长度范围内有效齿数增加，空气泄漏量减少，效率提高。在东汽的火电、核电等汽轮机产品中也均有着成熟的投运业绩，如东汽已投运的黄台电厂、华能安源电厂、国电北仑改造、光热德令哈等项目均已采用此种形式，机组安全运行且密封效果较好。

机组采用镶齿气封，这种气封结构在有限的轴向长度内可以布置更多气封齿，能有效减少漏气。气封间隙严格按照不平衡响应计算出来的振幅、轴承油膜厚度、叶轮、动叶片的伸长量和 API612 标准来综合选择，在保证安全的前提下尽量缩小气封间隙。同时，在满足轴系强度和机组轴向推力的前提下，适当缩小气封处直径，减少了机组漏气量。

总之，采用先进气封技术，增加有效齿数，减少气封漏气、合理利用气封漏气热量是提高机组循环效率的有效途径。

（7）机组配套辅助系统

机组辅助系统配置与常规蒸汽透平相同，各系统及设备均借鉴采用同功率等级火电、联合循环或者光热项目机组的配置。

机组配套设计了透平的辅助系统，主要包括：气封系统、润滑油系统、顶轴油系统、预暖系统。

金坛 60MW 空气透平已于 2022 年 4 月带满负荷，5 月并网发电，现场投运情况良好，本体振动、瓦温、油温等参数完全满足设计要求。同时，作为储能电站，透平需要满足频繁启停、快速启停的要求，金坛空气透平实现了 5~7 分钟内从冲转至满负荷。

经过多年的技术研究，东汽已经完成了 10MW~300MW 系列化功率等级的空气透平技术储备。针对不同用户要求及功率等级，形成了一次再热、二次再热、三次再热等典型布置类型。

3.2 储气库建造设备

新建人工硐室可使用隧道掘进机（Tunnel Boring Machine，TBM）施工。隧道掘进机分为敞开式隧道掘进机和护盾式隧道掘进机。在中国，将用于岩石地层的简称为（狭义）硬岩 TBM，用于软土地层的称为（狭义）盾构机，隧道掘进机分类见图 3.2-1。TBM 支持掘进、支护、出渣等施工工序并行连续作业，是机、电、液、光、气等系统集成的工厂化流水线隧道施工装备，具有掘进速度快、利于环保、综合效益高等优点，可实现传统钻爆法难以实现的复杂地理地貌深埋长隧洞的施工，在中国水电、交通、矿山、市政等隧洞工程中的应用正在迅猛增长。

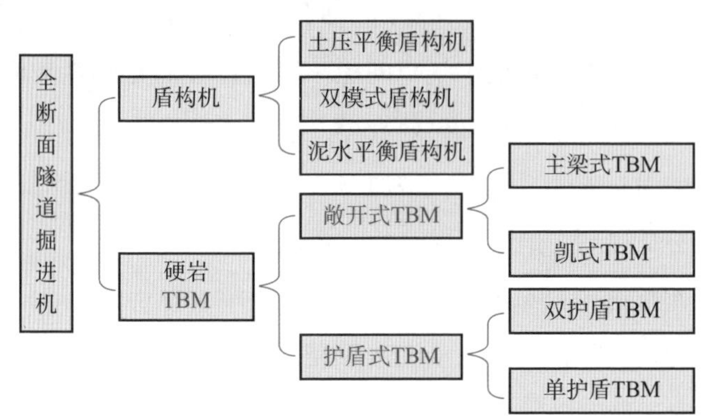

图 3.2-1　隧道掘进机分类

世界上生产硬岩 TBM 的厂家主要有美国罗宾斯（ROBBINS），德国海瑞克（HERRENKNECHT），德国维尔特（WIRTH，2013 年中国中铁工程装备集团有限公司收购该公司 TBM 知识产权），法国法码通（NFM，现属中国北方重工 NHI），加拿大拉法特，日本三菱公司。

2014 年 12 月 27 日，拥有自主知识产权的国产首台大直径全断面硬岩隧道掘进机（敞开式 TBM），在湖南长沙中国铁建重工集团总装车间顺利下线。它的成功研制打破了国外的长期垄断，填补了我国大直径全断面硬岩隧道掘进机的空白。

2017 年 8 月 20 日，采用中国自主研制的首台硬岩 TBM 施工的国家“十三五”水利建设重点项目——吉林省中部城市引松供水工程总干线 22.6 千米引水隧洞贯通，为该项目按期在 2019 年底建成通水奠定了基础。

2020 年 9 月 9 日，国内首台新型敞开式 TBM“北江号”在中铁十八局集团参建的广州北江引水工程正式开始掘进。

TBM设计技术已趋于成熟，应用领域持续扩展，需求不断增大，国内TBM需求统计见图3.2-2。目前，TBM施工岩体信息如抗压强度、完整性等参数是通过人工现场素描取样并进行室内试验得到的，获取手段比较落后，无法实时感知和预测岩体状态。TBM施工中掘进参数的选择和控制基本上完全依靠人为经验作出判断和调整，掘进参数与岩体状态参数匹配性差，一旦遭遇地层变化或复杂地质条件，难以及时有效地调整掘进方案和控制参数，容易发生卡机、地质灾害，甚至人员伤亡等事故。因此，TBM智能掘进技术的研究已成为隧道工程领域的重大技术挑战和前沿热点问题。

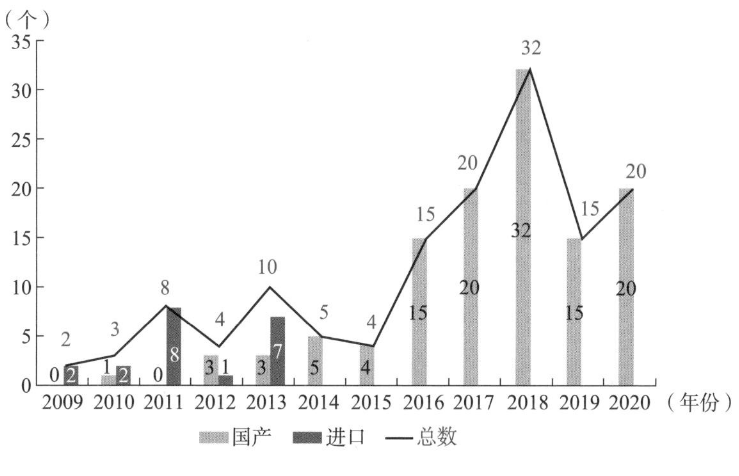

图3.2-2　国内TBM需求统计

地下储气库

先进绝热压缩空气储能系统实现大规模长时储能需要较大的、密封性好的储气装置，地下储气库由于投资低、安全可靠，一直是投资主体、科研院校、企业关注的重点。

现阶段试点、示范及近期规划、建设的压缩空气储能项目的储气装置一般包括地下储气库和地上储气罐，对于微小型压缩空气储能系统或液化压缩空气储能系统，多采用地上储气容器；大型压缩空气储能系统要求的压缩空气容量大，通常采用地下盐穴、硬岩岩洞或者废旧矿洞。如国外已建成运行的德国 Huntorf 电站、美国 McIntosh 电站均采用厚层盐穴作为地下储气库，我国非补燃压缩空气储能也大多采用地下储气库，金坛、泰安和应城项目采用地下盐穴，张北项目采用新建玄武岩洞穴，山西大同、北京大安山等项目采用废弃煤矿巷道、遂昌采用废弃萤石矿洞等。

压缩空气储气库需将大自然之中的空气吸收压缩成密度高、压力大的有效气压资源进行存储，它在储、放气过程中，需经历一定的压力差，在运行过程中需防止储气库发生大的渗漏或变形破坏而导致储气库失效。地面的高压储气罐成本高，可优化空间不大，而大型地下储气库可选形式多样，为保证压缩空气储能地下储气库建设、运行期安全可靠，建设投资可控性，就地下储气库建设相关内容及关键技术进行了分类型介绍。

4.1 盐穴储气库

4.1.1 盐岩及我国盐矿位置分布简述

4.1.1.1 盐矿概述

严格地讲，盐岩指纯净的氯化钠晶体，但自然界盐岩很少由纯石盐组成；而我们平时所讲的盐岩多指由蒸发岩（如石盐、石膏、硬石膏等）及泥岩等组成的混合物，其沉积地层在全球范围内有着广泛的分布。盐穴则是指在地下盐层中通过钻井，利用水循环的方法，将盐层溶解，最终形成一个体积较大的空洞。我国有 200 余座盐矿在采盐，普遍采用水溶开采地下盐岩，形成盐穴，它具有较为简易的造腔手段、较好的封闭性，对储存压力变化有较好的适应能力。

盐岩由于具有非常低的渗透特性与良好的蠕变行为，能够适应储存压力的变化；其力学性能较为稳定，能够保证储存洞库的密闭性；且盐岩溶解于水的特性使盐穴的施工更加容易、经济，盐穴成为存储不溶解盐的物质，如液态、气态烃以及相关产品，空气、氢气，甚至核废料等的良好场所。

盐岩中储气库有 3 种类型：盐丘储气库（盐层的厚度达千米）、厚盐层储气库（盐层的厚度达几百米）和薄盐层储气库（盐层的厚度达几十米），不同厚度盐岩中建设储气库见图 4. 1-1。

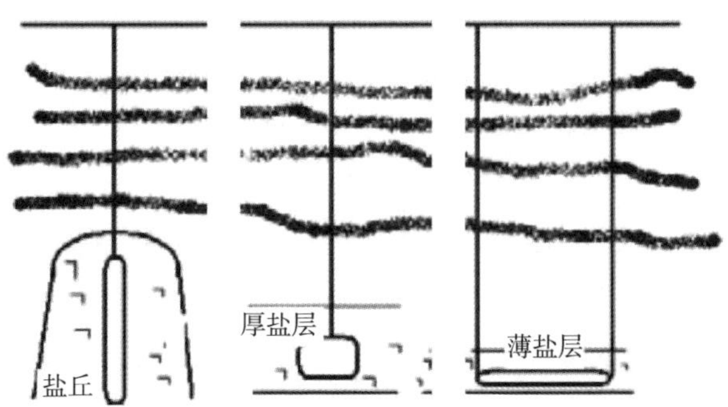

图 4. 1-1　不同厚度盐岩中建设储气库

图片来源：吴文，杨春和，侯正猛. 盐岩中能源（石油和天然气）地下储存力学问题研究现状及其发展［J］. 岩石力学与工程学报，2005，24（S2）：5561-5568.

国外两座已建成电站，1978 年投入运营的德国亨托夫电站（腔体压力范围 4. 6MPa～7. 2MPa，腔体深度 650～800m，腔体总体积 $31×10^4m^3$）和 1991 年投入运营的美国麦金托什电站（腔体压力范围 4. 6MPa～7. 5MPa，腔体深度 457～720m，腔体总体积 $54×10^4m^3$）储气腔体埋深较浅（腔体底深不超过800m)，且选址于盐丘构造，大段厚层的盐岩为溶腔提供了有利条件。

4.1.1.2 我国盐矿分布位置

我国盐矿分布广泛，在四川、云南、江苏、山东、浙江、湖南、湖北、江西、河北、广东、山西、甘肃、宁夏、新疆等省（自治区）均探获了盐岩矿床，以东部海盐、西部湖盐和中部井矿盐为主。西部盐湖分布广泛，在西藏、新疆、甘肃、青海等省份。岩盐矿产在四川、湖北、湖南、江西、云南等省份均有分布。

全国主要省（自治区）盐资源情况简述如下。①

河北省：以产海盐著称，为我国海盐主要产区之一。沧县、晋州市、任丘市等地有下第三系沙河街组岩盐矿床。

天津市：我国海盐主要产区之一。

山西省：我国湖盐产区之一，运城盐湖生产历史悠久。

内蒙古自治区：我国湖盐主要产区之一。已知约有140个内陆湖泊，其中现代盐湖占80%。盐湖中除了沉积石盐外，还有芒硝、天然碱和石膏；部分盐湖还赋存有钾、镁、锂、硼、溴、碘等。盐湖约占1/3。

辽宁省：我国海盐主要产区之一。在营口市盐田、新金县清水河盐田等地发现了第四系滨海相地下卤水。

山东省：我国海盐主要产区之一，也生产井矿盐。莱州湾滨海地下卤水的发现和开发，促进了海盐生产的发展。岩盐矿床有：东营市垦利区东营盐矿，泰安市大汶口盐矿、肥城（县）盐矿等。

江苏省：我国海盐主要产区之一，也生产井矿盐。产于下第三系的岩盐矿床有：金坛市直溪桥盐矿、淮安市淮阴区高堰盐矿、丰县盐矿。产于白垩系的岩盐矿床有淮安盐矿。

江西省：我国井矿盐产区之一。岩盐矿床有产于下第三系的清江盐矿和产于上白垩系的会昌县周田盐矿等。

① 佚名.《中国盐源资料集》第二集：中国主要盐矿矿区简况［R］. 中国盐业总公司勘探队，1981.

河南省：我国井矿盐产区之一。有产于下第三系的桐柏县吴城盐碱矿、叶县盐矿。并在濮城、文留一带发现下第三系特大型岩盐矿床——濮阳盐矿。

湖北省：我国井矿盐主要产区之一。盐矿资源极为丰富。在云梦县、应城市、天门市和潜江县分布有下第三系的特大型岩盐矿床和地下卤水矿床，如云应盐矿。岩盐矿床还有：产于白垩纪的枣阳市王城盐矿，产于三叠纪的利川市建南盐矿等。该省已成为我国盐和盐化工的主要生产基地之一。

湖南省：我国井矿盐产区之一。有产于下第三系的衡阳盐矿和澧县盐矿。

广东省：我国海盐产区之一。岩盐矿床有产于下第三系的三水盐矿、东莞盐矿、广州市龙归盐矿。

海南省：我国海盐产区之一。尚未发现岩盐矿床。

四川省：我国井矿盐主要产区之一。井盐生产历史悠久，其主要产盐地——自贡市素有“盐都”之称。该省蕴藏着极其丰富的盐矿资源。在长宁县至叙永县一带，有世界上已知成盐时代最早的钙芒硝-岩盐矿床，即长宁盐矿（产于震旦纪灯影组）。有产于三叠纪的川中盐矿、犍为县威西盐矿、盐源盐矿、垫江盐矿、自贡市大坟堡盐矿、江油盐矿、荣县长山盐矿、江津市渝南盐矿、大山铺盐矿、郭家坳盐矿等。四川省的大部分盐矿具有盐层厚、品位富、规模大的特点。威西盐矿已成为四川最大的制盐原料卤水生产基地。该省是我国盐和盐化工的主要生产基地之一。

云南省：我国井矿盐产区之一。汲卤和采矿溶卤制盐的历史较悠久。滇中、滇西、滇南均有赋存于下第三系的岩盐矿床，如宁洱县磨黑盐矿、禄丰市元永井盐矿、江城县勐野井钾石盐-石盐矿床等。

西藏自治区：湖泊星罗棋布。据不完全统计，大小湖泊有上千个，是我国现代盐湖的主要分布区之一。有少数盐湖已进行小规模开采。

陕西省：我国湖盐产区之一，定边盐湖产盐历史悠久。

甘肃省：我国湖盐产区之一。在额济纳旗有西居延海盐湖。

青海省：我国湖盐主要产区之一。是我国现代盐湖主要分布区之一，其主要盐湖分布于柴达木盆地。特点是盐湖数量多、储量规模大、盐矿资源极为丰富。该省为我国湖盐和盐化工的重要生产基地之一。

新疆维吾尔自治区：我国湖盐比较主要的产区之一。已知有 200 多个盐湖，为我国现代盐湖主要分布区之一，其中以石盐为主的盐湖约占 80%，芒硝次之，有少量钠硝石、天然碱沉积，个别盐湖有硼酸盐沉积。

台湾省：为我国海盐产区之一。盐滩分布于台湾本岛西部沿海的通宵、鹿港、北门、西港、台南等地。在布袋、七股、台南和北门各设盐厂一处，盐滩面积 4000 余 hm^2。

黑龙江、吉林、贵州等省与北京、上海市，以及香港特别行政区等盐矿资源贫乏。

我国岩盐矿床绝大多数埋藏于地下数十米至 4000m，矿体一般呈层状、似层状或透镜状产出，产状平缓，矿石易溶于水，在江苏、四川、湖北、湖南、江西、云南等省已多采用水溶法开采岩盐矿床。我国主要地下盐矿分布位置见图 4.1-2。

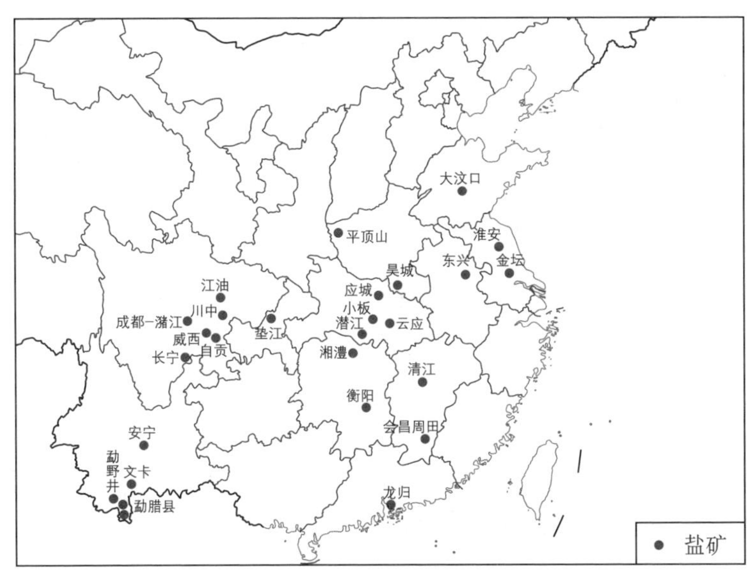

图 4.1-2 我国主要地下盐矿分布位置

图片来源：完颜祺琪．中国盐穴地下储气库建库地质条件评价及其对策研究［D］．成都：西南石油大学，2015.

4.1.2 我国盐穴特征及建库条件初步评价

4.1.2.1 各地质时期分布规律

中国幅员辽阔，海进海退频繁，地壳运动交错出现，干旱气候几乎遍布各个地质时期，盐类物质来源丰富，加上中国的小陆块、微陆块、造山带的构造特征，为成盐提供了封闭屏障，使得中国盐矿广泛分布，遍及全国，兼具自己的发育特色，自晚古生代至第四纪，每个地质时代均有各种盐类沉积矿产的形成，由于不同地质时代盐类的沉积发展的阶段不同，成盐的强度和盐矿分布范围也有所差异。我国成盐时期及类型见表 4.1−1。

表 4.1−1 我国成盐时期及类型

成盐时代			盐矿类型			
代	纪	世	卤水湖	湖盐矿床	盐岩矿床	地下卤水
新生代	第四纪	全新世	√	√	√	√
		上更新世	√	√		√
		中更新世		√		
		下更新世		√		
	第三纪	上新世			√	
		中新世			√	√
		渐新世			√	
		始新世			√	√
		古新世			√	√
中生代	白垩纪	上白垩世			√	√
		下白垩世			√	
	侏罗纪					√
	三叠纪	上三叠世				√
		中三叠世			√	√
		下三叠世			√	√

成盐时代			盐矿类型			
代	纪	世	卤水湖	湖盐矿床	盐岩矿床	地下卤水
古生代	二叠纪	下二叠世			√	√
	石炭纪	上石炭世			√	√
		中石炭世				√
		下石炭世				√
	奥陶纪	中奥陶世			√	
	寒武纪				√	
	震旦纪				√	

资料来源：常小娜．中国地下盐矿特征及盐穴建库地质评价［D］. 北京：中国地质大学（北京），2014：1-91.

4.1.2.2 石盐矿床类型

盐类矿床是气候、构造、物源称合下的产物，因此可将石盐矿床分为海相、陆相和海陆交互相三种基本成因类型。中国石盐矿床就只有海相和陆相两种基本类型。

根据矿床成因、矿体埋深、矿床规模、矿石品位、矿石的主要成分及矿体的构造变形等条件，将中国石盐矿床工业类型分为三大类，并进一步划分 9 个亚类。中国石盐矿床类型见表 4.1-2。

表 4.1-2 中国石盐矿床类型

工业类型		矿床实例
大类	亚类	
碳酸盐型石盐矿床	硬石膏-石盐矿床	陕北盐矿、四川威西盐矿
碎屑岩型石盐矿床	石盐矿床	新疆满加尔盐矿
	硬石膏石盐矿床	河南叶舞盐矿
	硬石膏-钙芒硝（无水芒硝）-石盐矿床	江西清江盐矿
	泥砾质-石盐矿床	新疆库车凹陷各盐矿
	泥砾质-钙芒硝-石盐矿床	云南元水井盐矿
	泥砾质-钾石盐-石盐矿床	云南勐野
次生和变形石盐矿床	盐丘矿床	新疆阿奇克苏盐矿
	次生石盐矿床	新疆叶孜塔格

资料来源：常小娜．中国地下盐矿特征及盐穴建库地质评价［D］. 北京：中国地质大学（北京），2014：1-91.

总的来说，中国的石盐资源丰富，分布范围广。以硬石膏石盐矿床和硬石膏钙芒硝（无水芒硝）石盐矿床为例，普遍发育为层状，表现为矿层层数多、单层厚度薄、累计厚度薄、软弱夹层多的特征，埋深一般较适宜建设压缩空气储能电站。此外，渤海湾盆地的东濮凹陷，江汉盆地的江陵、潜江凹陷，塔里木盆地的库车、莎车盆地以及四川盆地的盐源地区等也发育了盐丘，但是这些盐丘的地质特征与国外存在一定的差异，埋深大，大多不适宜作为储气库。

4.1.2.3 我国主要盐穴及建库条件

我国盐矿广泛分布，本小节选取我国众多盐矿中一些有代表性的盐矿，简单对其特征进行介绍，见表 4.1-3，其中，部分区域建库条件简述如下。

（1）金坛

1）盐层厚平均达 160m，最厚在 230m 以上。

2）盐层中 NaCl 平均含量 80%，南部地区高达 85%。

3）盐层中泥岩夹层厚度一般在 1.5~2.5m。

4）盐层埋深在 888.6~1236.4m。

5）盐层顶底板岩性稳定，密封性好。

6）地理位置优越，交通方便，矿区地表条件好，水源丰富，区内构造稳定。

（2）叶县—舞阳县

1）矿区所处地理位置较优越，交通便利。

2）含盐系核桃园组地层自上而下分为三段：核一段、核二段和核三段，沉积厚度较大。

3）矿体呈层状产出，钻孔揭露的石盐矿层共见 16~95 层，埋深适宜，不溶物含量一般在 3.3%，夹层单层厚度小于 5m，属建库的有利层段。

4）该矿核一段顶部岩性为含砾砂岩、泥岩，含盐系的直接顶板为廖庄组砂岩夹粘土层，岩性致密，密封性好。

（3）赵集盐矿

1）地理位置优越，交通便利。

2）矿床构造简单，断层不发育，沉积厚度较大。

3）上盐亚段岩盐层展布稳定，埋深适宜，具有较好的品质、较少的夹层、较低的水不溶物含量，已被确认为建库的有利层段。

4）岩盐顶底板岩性致密，抗压强度大，质量稳定，密封性好。

5）该盐矿早期开发情况较好，形成的旧盐腔比较稳定，该区的卤水消化能力也较强。

6）地表基础设施良好，淡水资源丰富，而且仍有一定的扩展余地。

7）另有东部顺河次凹高品质石盐的存在。

（4）黄场盐矿

1）地理位置优越，交通方便。

2）岩盐矿床构造简单，断层、裂隙不发育，沉积厚度较大。

3）潜二段展布稳定，埋深适宜，品质好，夹石率低，水不溶物含量低，可作为建库的有利层段。

4）潜二段盐层的直接顶板为潜一段下部的膏盐和砂泥互层，性质稳定。

5）该区油气资源丰富，水溶开采在该区适宜，具有较好经济效益。

6）矿区地表条件好，交通便利、水源丰富，且具有相当的扩展余地。

7）盐层底板的非砂岩地层中发育有油浸岩类，盐层开采时，其间的原油渗透到溶腔内部，在溶腔顶部形成油垫层，有效控制了岩盐溶解的范围，控制溶腔的形态。

（5）云应盐矿

1）云应盐矿地理位置优越，交通便利。

2）区内构造简单，褶皱、断裂和裂隙均不发育。

3）盐层展布稳定，埋深适宜，品质高，夹层少，水不溶物含量低。

4）矿床直接顶板为相对隔水层，水文地质条件比较简单。

（6）安宁

1）安宁矿区地理位置优越，交通便利，地表不存在永久性设施。

2）矿区地表淡水资源丰富。

3）矿区范围广、储量大、品位较高、地质条件和水文条件较好，适合大规模水采。

4）该盆地盐岩沉积稳定，成盐期连续，断层构造不发育，埋深适宜，且主要组分易溶。

5）岩盐盖层岩性稳定，是良好的保护层。

（7）陕北

1）陕北盐矿地理位置优越，交通方便，地表条件好，水源丰富，兼有煤炭、石油、天然气等优质价廉的能源。

2）陕北盐矿为海相碳酸盐型石盐矿床，埋藏较深，盐层累计厚度大，面积展布范围大，矿石质纯，品位较局限。

3）盐矿顶底板岩性致密坚硬，裂隙不发育，稳定性好。

4）夹层厚，主要为泥质白云岩、硬石膏岩，岩性致密。

5）过于分散的盐井布局，不合理的盐井位置导致取水难度大；现有岩盐开发企业，经济规模小，且各自为政，暂不具备建立大型盐矿山的能力。

陕北盐矿具有较优的储库特点，后期合理设计溶腔形态，可为储库前期建设打好基础。

（8）濮阳

1）濮阳矿区地理位置优越。

2）厚层块状盐岩与薄层泥岩和砂岩互层，盐岩中可溶性盐类矿物含量高，矿石品位高。

3）矿层顶底板主要为砂泥岩。

4）盐质好、埋藏适中、矿区构造简单、矿床稳定。

5）该区存在的隐伏构造影响着盐矿的赋存状态，以断裂为主，根据切割的深度和规模分为深大断裂和局部断裂。

该区盐矿开采条件好，具备了真空制盐的条件，具有良好的盐化工产业发展前景。文留地区已作为中国储气库选定地点之一。

（9）大汶口

1）大汶口矿区地理位置优越，交通便利。

2）矿区地表条件好，水源丰富。

3）岩盐层数多、厚度大、品位高、不溶物含量低、埋深适宜，储量大，兼具大规模开采条件。

4）岩盐直接顶板为强度一般的硬石膏岩，开采过程中可以保护矿层，避免坍塌；既作为夹层又作为矿体的直接顶板的硬石膏岩，厚度在4~7m，需考虑其塌陷对溶腔体积的影响。

5）盆内断裂比较发育，但断裂在盐矿范围内不发育，注意生产井与断裂之间距离，就基本能保证避免开采过程中不利影响的产生。

6）该区水文地质条件简单。

7）除了盆地内部，在盆地北部的大西牛洼地也发现了岩盐，可作为储库选址进行考虑。

（10）辛集—宁晋

1）辛集—宁晋矿区地理位置优越，交通方便。

2）含水层与石盐矿体之间存在着隔水层泥岩，对该区进行石盐矿水溶开采不会造成影响。

3）矿层厚度大夹层少、矿石品位高、矿体稳定。

4）矿层顶板岩石厚度小，直接顶板为2~5m厚的泥灰岩和含灰石膏，但整个含盐系的顶板为较厚的泥质灰岩和细砂岩等。

5）该盐矿开发较晚，有待进一步开发；另外，该区晋县凹陷，地质构造单元与束鹿凹陷类似，盐矿的存在潜力巨大。

6）前新生界地层中分布有不同方向的断裂构造，但该含盐盆地新生界地层中暂未发现断层，构造简单。

7）有可以用来进行溶盐的淡水资源。

（11）清江

1）清江岩盐矿区地理位置优越，交通便利。

2）矿区构造简单，褶皱平缓、规模小，断裂也少，矿体连续性好。

3）清江组盐层分布稳定，埋深适宜，累计厚度变化大，但含盐率低，成腔率低，在没有更好的工艺措施提高成腔率的情况下，造腔成本较高。

4）淡水资源丰富，可以提供溶腔所需水。

5）清江岩盐矿床顶板泥质岩主要为伊利石，力学性质弱，易塌方，但是新干矿段顶板岩石稳定性较好。

（12）丰县

1）盐层累计厚度大，顶底板埋藏适中，物理强度大，含矿率较高，矿石品位中上等，含量高且变化大，局部达20%。

2）矿区交通条件一般，有河流依托，但水资源仍属短缺，且丰县盐矿所在地工业基础较差，离中心城市较远。

3）盐岩富集区构造简单，沉积稳定。

4）据报道，该区盐化工污染严重，已进行了大规模的勘探、开采工作，但理论研究较少，钻孔取芯较少。

（13）固原

1）位于经济落后地区，发展该区盐化工基地以带动经济发展可行。

2）顶板分布厚度大，相对稳定，属较坚硬岩组，岩石工程地质条件较好。

3）岩盐矿质量较好，水不溶物含量低，单矿层厚度中等，石盐累计厚度变化大，埋藏深度适宜，适合进行水溶法开采，但是该区淡水资源匮乏。

4）该区属地震多发区，区域内断裂构造十分发育。

4.1.2.4 我国盐穴储气库建设适宜性初步评价

我国地下盐岩资源十分丰富，分布范围广，埋藏于地下数十米至4000米，塔里木盆地、四川盆地、鄂尔多斯盆地、江汉盆地和渤海湾盆地等均可见不同时期的盐岩地层分布。江苏金坛和淮安、湖北潜江和云应、湖南衡阳、河南叶舞盐矿等有大量的已采盐穴资源。但与国外大量存在的盐丘型储层条件不同，我国盐岩矿床大多是“矿层层数多、单层厚度薄”，盐岩体中一般含有众多难溶夹层，如硬石膏层、钙芒硝层、泥岩层等。夹层的存在可能影响盐穴腔体形状，同时腔体形态不规则可能影响长期运行稳定。

我国盐矿基本特征虽说与国外大型盐丘型盐矿区别很大，但是仍具有建设盐穴地下储库的条件。一般的盐穴储气库库址筛选定量评价参数可包括：埋藏深度、构造条件、密封性条件、盐层地质条件（厚度、含矿率、品位、夹层特征）、顶底板稳定性等。主要根据盐岩品位、埋深及盐层厚度，对我国盐穴储气库建设适宜性进行了初步评价：

1）盐岩品位高，不溶物含量低于25%，易于水溶造腔。石盐层及夹层中水不溶物含量多少是决定溶腔有效体积大小的主要因素之一。

2）岩盐矿层的埋深直接影响到储气库的密闭性及安全性，最适宜建造储气盐穴库的深度为500~1500m，这一深度范围建库能保证盐层的储气能力和建库效率，缩减建库成本。

3）有利于建库的厚度条件是盐层总厚度大于80m，盐层平面分布范围大且稳定。

通过调研初步评价结果如下（详见表4.1-3）：

1类：黄场盐矿、云应盐矿（能建数科湖北应城300MW）、金坛（清华金坛60MW）、平顶山盐矿（中科院叶县200MW）、赵集盐矿、大汶口（泰安）盐矿（中科院肥城300MW和能建数科泰安2×300MW）、淮安盐矿（中科院淮安115+350MW）较好，主要分布省份为江苏、山东、湖北、河南。

2类：濮阳盐矿、陕北盐矿（中科院榆林100MW）、辛集—宁晋、威西盐矿建库条件次之，主要分布省份为四川、河南、陕西、河北。

3类：泸州盐矿、安宁盐矿、清江（樟树）盐矿、丰县盐矿，基本具备建设盐穴储气库地质条件，主要分布省份为四川、云南、江西、江苏。

4类：会昌（周田）、固原、宜宾长宁兴文、成都—蒲江、万州、合川、垫江、文卡、勐野、整董、勐腊县、衡阳、澧县（津市）、定远（东兴）、广东三水、龙归、东皖盐矿建库条件较差。

表 4.1-3　我国可建储气库盐矿主要特征简表

序号	省（区、市）	岩盐矿	盆地—凹陷	探明储量/亿吨	远景储量/亿吨	年开采量/万吨	范围/km^2	埋深/m	赋存岩石	含盐地层厚度	NaCl含量/%	钙芒硝含量/%	盐系顶板岩性及抗压强度	夹层类型	初步评价类别
1	湖北	云梦、应城	江汉盆地—云应凹陷	280	3600	132	188	300~850	E 云应群含矿膏盐	10~180m，500~600 层，单层厚 0.2~4.84m	70~80		灰色泥质钙芒硝岩、钙芒硝质泥岩、硬膏质泥岩夹粉砂质泥岩、泥质粉砂岩等，厚度 7~81m	泥质钙芒硝岩、泥质硬膏盐和泥岩、粉砂质泥岩，夹层含量 20%~30%	1
2	湖北	黄场	江汉盆地—潜江凹陷	51	790		1600	700~2145	E 潜江组含钙芒硝石盐岩	300~400m，单层 3~74m	70~98，平均 65~86		泥岩、砂岩及油页岩	夹层主要为无水芒硝矿石和钙质芒硝泥岩，厚度小于 1m，累计厚度 0.02~4.27m，夹石率 0.61%~13.7%，水不溶物平均含量为 3%~10%	1
3	江苏	金坛	金坛直溪桥凹陷	12.538	16.242	3	60.5	889~1236	E 含钙芒硝石盐岩，含泥钙芒硝石盐岩	144~237m，单层最大厚度 52.91m	80~85	4	泥岩、泥灰岩等，稳定性较好，抗压强度较高，厚度 96~150m	含钙芒硝泥岩、白云质泥岩，夹层厚度 1.5~2.5m	1
4	江苏	淮安（淮安区、下关盐矿和谢碾矿区）	淮安凹陷	2500	4000	75	570	632~1825	E 浦口组二段含钙芒硝、泥粉质石盐岩	240~1050m，34~91 层，单层厚 3.4~130m	30~75	25.11	粉砂岩、泥岩等，稳定性较好，抗压强度较高	粉砂岩、泥岩、含粉砂泥岩、含钙芒硝粉砂岩，单夹层厚度不大，厚度小于 4m 的夹层占 70%~80%	1
5	江苏	赵集矿区和顺河矿区	洪泽凹陷	1350	280	500	25	1350~2010	E 阜宁组四段下盐亚段岩盐、芒硝矿和上盐亚段岩盐	103~130m	42.2~99.7	1.75~7.06	硬石膏岩、膏质粉砂岩、泥岩、粉砂岩等，稳定性好，抗压强度较高	灰色钙芒硝质泥岩（0.2~1.8m）、石膏质和泥岩，含盐率在 87.4%~91.18%	1

续表

序号	省（区、市）	岩盐矿	盆地—凹陷	探明储量/亿吨	远景储量/亿吨	年开采量/万吨	范围/km^2	埋深/m	赋存岩石	含盐地层厚度	NaCl含量/%	钙芒硝含量/%	盐系顶板岩性及抗压强度	夹层类型	初步评价类别
6	河南	叶县—舞阳县（叶舞盐矿）	南北华盆地	3300			400	凹陷中心大于1800，一般为1100~1400	含盐系核桃园组含硬石膏石盐矿石、含杂卤石石盐矿石、含钙芒硝石盐矿石和含泥质石盐矿石	累计厚度270~370m，单层10~20m	75~90		含盐系直接顶板为砂岩夹粘土层，厚度很大	夹石为含硬石膏粉砂岩、粉砂岩等，厚度不超过5m，占地层厚度的30%~40%；平顶山盐矿段不溶物含量在3.3%，含矿率在50.98%~67.35%	1
7	山东	大汶口（泰安）	汶蒙盆地	18	75.21		36.44	900~980	管庄群大汶口组中段上部	累计30~150m，单层3.13~4.35m	70~90		岩盐直接顶板为强度一般的硬石膏岩，开采过程中可以保护矿层，避免坍塌	既作为夹层又作为矿体的直接顶板的硬石膏岩，厚度需考虑其塌陷对溶腔体积的影响。硬石膏约40%，厚度一般在4~7m，矿石不溶物含量1%~11%	1
8	四川	威西	盆西或西凹陷	90	175	2295	720	800~1800	T2雷口坡组碳酸盐岩和硬石膏岩	15~44.5m	93~98	5~20	17.13~25.8m厚，硬石膏岩、泥质灰岩、层状灰岩。抗压强度28MPa~148MPa，较破碎，稳定性较差	碳酸盐岩夹薄层硬石膏岩	2

续表

序号	省（区、市）	岩盐矿	盆地—凹陷	探明储量/亿吨	远景储量/亿吨	年开采量/万吨	范围/km^2	埋深/m	赋存岩石	含盐地层厚度	NaCl含量/%	钙芒硝含量/%	盐系顶板岩性及抗压强度	夹层类型	初步评价类别
9	河南	濮阳	渤海湾盆地	47.85	144		950	2100~2700	厚层块状盐岩与薄层泥岩和砂岩互层，盐岩中可溶性盐类矿物含量高，矿石品位好	800~1000m	>90		顶底板主要为砂泥岩	厚层块状盐岩夹薄层泥岩和砂岩，盐岩可溶性盐类矿物含量高	2
10	陕西	陕北（榆林）	鄂尔多斯盆地		60000		3400	2200~2500	马家沟组	100~150m	95~97	1.5~5	主要为白云岩、灰岩，其次为硬石膏或泥岩	夹层主要为泥质白云岩、硬石膏岩，岩性致密；1.5~6m	2
11	河北	辛集—宁晋	渤海湾盆地		1105		1000	1000~3700	第三系沙河街组沙一段中下部	单层厚度一般为5~90m，累计厚度120~220m	平均92.74		泥灰岩、含灰石膏，一般厚2~5m，与上覆含水层之间有近400m的泥岩	夹石单层厚度一般为0.2~5m，夹石率约20%	2
12	四川	泸州	川东盆地		17379		3721	200~1000	寒武系清虚洞组合石冷水组	276m	85~90		泥岩、粉砂质泥岩及泥质粉砂岩	泥岩、粉砂质泥岩	3
13	云南	安宁	滇中安宁盆地	136	450		264	126~600埋藏不深	J3安宁组中断石盐岩、钙芒硝	252.51~324.39m，约168层，一般257.6m	一般50~70，品位较低	5~38.32	石膏岩层，半坚硬岩组，厚55.24m，平缓，岩层稳定完整，无节理裂隙	泥质岩、碳酸盐泥质岩，主要组分易溶，但夹层厚度最小0.5m，最大19.14m，小于2m的夹层比例为40%~60%	3

续表

序号	省（区、市）	岩盐矿	盆地—凹陷	探明储量/亿吨	远景储量/亿吨	年开采量/万吨	范围/km^2	埋深/m	赋存岩石	含盐地层厚度	NaCl含量/%	钙芒硝含量/%	盐系顶板岩性及抗压强度	夹层类型	初步评价类别
14	江西	清江（樟树）	清江盆地—洋湖凹陷	97	104	100	3600	593~1170	E清江组一段中上部含钙芒硝泥岩、石盐岩、泥岩	35~133.49m，1~59层，单层厚0.5~10.8m	60~75，最高98	7~15，平均9.4	泥岩、粉砂质泥岩、钙质泥岩，厚56m	灰色含膏、钙芒硝泥岩，厚度一般为2~6m，夹层和泥岩与盐层的接触部位发育有大量裂隙，矿区矿石可溶性94%~99%	3
15	江苏	丰县	汶蒙盆地—丰县凹陷	21.74	220		116	844~892	E官庄组硬石膏岩、钙芒硝岩、石盐岩	230m，单层厚7.35~40m	68.6	20	膏质粉砂岩、粉砂岩、泥灰岩等，稳定抗压	纯石盐与泥质夹层频繁互层	3
16	四川	宜宾长宁兴文	川东盆地—长宁凹陷	4.3	3263	60	2050	1885~2937	Z灯影组一段和二段钙芒硝—岩盐	46~369.9m，矿层层数多	90~93	海相硬石膏、钙芒硝岩盐	顶底板均为硬石膏层或钙芒硝层	硬石膏或钙芒硝白云岩	4
17	四川	成都—蒲江	盆西成都凹陷		15455		10000	>3300	T1嘉陵江组和T2雷口坡组白云岩、硬石膏和石盐	11.5~123m，矿层层数多	70~90	海相硬石膏、杂卤石岩盐	顶底板均为硬石膏层或杂卤石层	硬石膏层或杂卤石层	4
18	重庆	万州	川东盆地	16	2860	30	3700	>2200	T1嘉陵江组和T3巴东组	120m，层数至10余层	88	硬石膏、碳酸盐及泥质等	盐层顶板（硬石膏夹白云岩）空隙、裂隙不发育，稳定，利于水溶开采	硬石膏薄层或条带	4

续表

序号	省（区、市）	岩盐矿	盆地—凹陷	探明储量/亿吨	远景储量/亿吨	年开采量/万吨	范围/km^2	埋深/m	赋存岩石	含盐地层厚度	NaCl含量/%	钙芒硝含量/%	盐系顶板岩性及抗压强度	夹层类型	初步评价类别
19	重庆	合川	川东盆地	50	315	8	1000	2500~2600	T2巴东组、T1嘉陵江组硬石膏、灰岩、灰质白云岩	16.42~22.36m	36.5~99.86，平均76.78	海相硬石膏岩盐	顶底板均为厚大硬石膏层	白云岩、硬石膏、泥质白云岩	4
20	重庆	垫江	川东盆地—垫江凹陷	82.22	456		1000	3400	T1嘉陵江组和T2雷口坡组白云岩、硬石膏和石盐	24~47m	85~95		泥岩、粉砂质泥岩及泥质粉砂岩	泥岩、粉砂质泥岩及泥质粉砂岩	4
21	云南	文卡						30~559.4	上白垩统勐野井组	6.83~477.99m	52.57				4
22	云南	勐野						25~1124	上白垩统勐野井组	一般196.4m	70.64				4
23	云南	整董						50~500	上白垩统勐野井组	600m	61.2				4
24	云南	勐腊县						33.6~474.8	下白垩统勐野井组	4.48~626.2m，一般254.95m	61.5				4

续表

序号	省（区、市）	岩盐矿	盆地—凹陷	探明储量/亿吨	远景储量/亿吨	年开采量/万吨	范围/km^2	埋深/m	赋存岩石	含盐地层厚度	NaCl含量/%	钙芒硝含量/%	盐系顶板岩性及抗压强度	夹层类型	初步评价类别
25	湖南	衡阳	茶山坳凹陷	17.1	123	43	800	212~394	E1茶山坳段钙芒硝、含钙芒硝泥岩、钙芒硝质岩盐、石盐岩	33~296m（一般200m），单层20~40m	43.08~87.06	9.67	泥岩、钙质粉砂质泥岩，厚，封闭，具有较高支撑强度	泥岩、含硬石膏泥岩、含钙芒硝硬石膏泥岩，单层厚0.58~7.18m	4
26	湖南	澧县（津市）	盐井—申津渡—东港凹陷	1.03	13	30	650	220~500	E砂市组—新沟组含硬石膏钙芒硝质岩盐、泥岩、白云岩	7.62~13.78m平均11.14m	53.6~95.3，平均81.4	4.7~46.4	粉砂质泥岩、泥质粉砂岩互层为主，厚度52.23~122.9m，岩石抗压强度小于29.3MPa，稳定性较差	泥岩、含硬石膏白云岩、泥质钙芒硝岩、无水芒硝岩	4
27	江西	会昌（周田）	会昌周田盆地				230	800~1200	K2周田组	220~322m	54~64	0.312	含钙芒硝泥岩和泥灰岩、泥砾岩	中—薄层状泥岩	4
28	安徽	定远（东兴）	定远—炉桥凹陷	7	18	10	600	218~594，一般小于500	E2定远组中部含膏、含盐建造	14.18~198.4m	20~95，平均72.3		泥岩、粉砂质泥岩、粉砂岩	泥岩、含膏泥岩、粉砂质泥岩、粉砂岩、含膏含钙芒硝泥岩，夹层层数在4~12层，单夹层一般0.5~1.0m，大于3m的较少，最大单层厚度为17.64m	4

续表

序号	省（区、市）	岩盐矿	盆地—凹陷	探明储量/亿吨	远景储量/亿吨	年开采量/万吨	范围/km^2	埋深/m	赋存岩石	含盐地层厚度	NaCl含量/%	钙芒硝含量/%	盐系顶板岩性及抗压强度	夹层类型	初步评价类别
29	宁夏	固原	六盘山盆地	26.83			30.55	84.72~800.45	下白垩六盘山群乃家河组上岩段	累计33.89~286.9m，单层厚度2.15~46.6m，盐矿层12~30层	31.02~99.1，平均58.14		古近系清水营组紫红色泥质砂岩、粉砂岩	夹层多为含盐泥岩，含盐量10%~29%，不溶物含量0.34%~65.18%，平均为2.5%	4
30	广东	三水						1157~1474.4	古新统—下始新组	97~249.1m（盐层累计厚度10.4~26m）					4
31	广东	龙归（广州）						480~640	古新统—下始新组	43.25~282.9m（盐层累计厚度0.2~56.48m）					4
32	广东	东皖						370~850	古新统—下始新组	679.6~760.5m（盐层累计厚度20.38~26.82m）					4

从工程角度，为降低建库成本、缩短建库时间，最有效的办法就是利用老腔改造技术，将已有盐穴老腔改造成适宜压缩空气电站的储气库（新井造腔建库周期一般为 4~5 年，老腔改造建库周期一般为 1 年）。早期改造技术常用于天然气储气中，但压缩空气储能电站的高温高压、日循环、压力变化大（最大 4MPa~14MPa，一般 7MPa~10MPa）等运行特点，对盐穴腔体筛选的相关标准及腔体改造完成后的井筒稳定性提出了更高的要求。另外由于盐岩极强的蠕变特性，盐岩储气库长期运行下，必然出现储气库的体积减小的情形。在存储天然气时，要求盐穴在前 5 年的体积收缩率不能超过 5%，整个生命周期内收缩率不能超过 20%。而对于压缩空气储能，储气库容积决定了电站的调节性能和效率，对于长期循环作用下的储气库蠕变特性需要格外重视。

4.1.3 盐穴储气库建设

4.1.3.1 盐岩造腔成库

（1）造腔过程

盐岩造腔一般采取水溶造腔方式，是通过管柱往盐岩层中注入淡水溶解盐岩形成近饱和卤水后排出，在地下盐岩层中形成的洞穴。造腔的循环方式主要有 2 种：正循环和反循环。盐穴地下储气库溶腔示意见图 4.1-3：正循环造腔是指淡水从溶腔内管进入，卤水从溶腔内管与外管的环形空间返回地面；反循环造腔是指淡水从溶腔外管的环形空间进入，卤水从溶腔内管返回地面。为了有效控制盐腔形态和保护盐岩顶板的密封性，金坛盐穴储气库从生产套管与溶腔外管的环空中注入柴油阻溶剂，从而在卤水和腔体顶部之间形成一层保护层，确保顶部盐层免遭溶蚀破坏。通过对井口注水压力、井口排卤压力、井口油垫压力进行监控可以掌握腔内造腔活动和管线运行情况。

溶腔阶段结束后需进行声呐测腔，测得腔体体积。

（2）造腔形式

目前国内采盐主要采用单井单腔、双井连通腔两种形式。单井单腔是

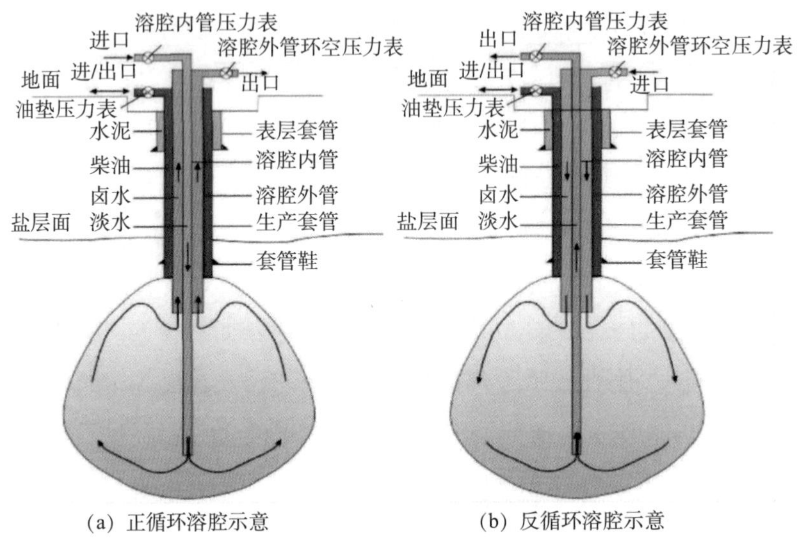

(a) 正循环溶腔示意　　(b) 反循环溶腔示意

图 4.1-3　盐穴地下储气库溶腔示意

在盐层内钻一口井，套管下入盐层顶部，通过注入淡水，逐渐在盐层内淋滤形成一个盐腔，形成的空间相对独立，便于利用；双井连通腔是通过定向对接井造腔工艺采盐形成的空间，是目前国内盐矿常用的采盐方式。不同形式盐岩造腔见图 4.1-4。定向对接井以两口井为一组，一口井为直井（对接目标井），一口井为斜井（对接井）。直井钻遇目的盐层后，斜井开始造斜，进行定向钻进，与直井连通，然后利用一口井进行注水，一口井排卤。这种方式形成的盐腔空间形态较为复杂，其向四周的延伸方向及展布难以控制，当前技术条件下难以获得，利用起来有一定难度。

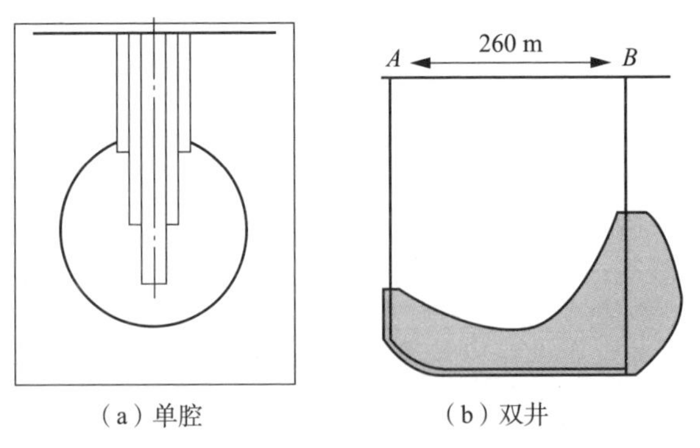

（a）单腔　　（b）双井

图 4.1-4　不同形式盐岩造腔

我国盐穴地下储气库主要选用的是单井单腔的井型，但是在采盐领域，单井单腔和双井单腔两种方式均采用，甚至双井单腔更多，在我国金坛、淮安、平顶山等地区盐矿废弃老腔除少量为单井单腔外，大部分为双井单腔。在盐穴油气储库建库中主要采用单井单腔，此项技术已经相对成熟，但是随着建库技术的发展，双井单腔应用技术也在探索中。

与国外大量存在的盐丘型储层条件不同，我国盐岩矿床的基本特点是“矿层层数多、单层厚度薄”，盐岩体中一般含有众多难溶夹层，如硬石膏层、钙芒硝层、泥岩层等，含夹层的水溶造腔示意见图 4. 1-5。目前建造盐岩储库普遍采用单井油垫对流法水溶开采。国外用于储库的盐丘型矿床厚度大，采用油垫法水溶开采时比较容易实施，可以得到较为理想的储库形状。但是，对于我国用于建设储库的层状盐岩矿床而言，难溶泥质夹层的存在给盐穴地下储库水溶造腔带来了很多不利影响。

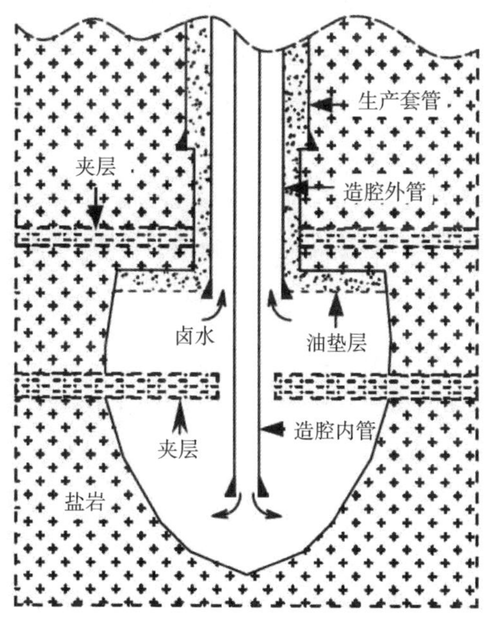

图 4. 1-5　含夹层的水溶造腔示意

难溶夹层的存在会将流场分割，腔壁附近卤水流速变缓，大大减慢了盐岩溶蚀的速度，不利于腔体形状的控制，导致水溶造腔进展缓慢。夹层在造腔过程中的突然垮塌还会导致井下造腔内管被砸弯、砸坏以及套管被卡等工程事故，这些事故严重影响了造腔进度。另外，造腔内管接箍的损坏会导致出水口深度发生改变，导致腔体形状不可控。因此，如何有效预测或控制泥质夹层垮塌，成为水溶造腔过程中亟待解决的技术难题。

（3）溶腔形状检测技术

声呐检测技术是盐穴储气库造腔和注采气过程中常用的一种形状检测技术。由于盐穴的蠕变特性，完腔后每隔一定年限要对盐穴储气库进行声呐检测，以尽早发现井下故障，保证盐穴储气库的安全，另外也可以根据检测的结果对目前的注采运行方案进行优化。截至 2014 年底，国内一直不具备高压气腔声呐测量的相关设备和施工经验，而且高压气腔的声呐检测具有很高的风险，多年来一直没有实行对注采运行中的腔体进行声呐检测。高压气腔测量必须满足三个条件：一是必须有合适的高压防喷设备，二是必须有经验丰富的作业队伍和测量工程师，三是现场必须满足施工条件。任何一项不满足要求，都可能导致测量失败，甚至漏气事故，严重的情况会发生井喷。

盐穴声呐测井技术的原理：沿采盐井井筒下放声呐测量井下仪器，井下仪器的声呐探头进入盐穴腔体后，在某一深度进行 360°水平旋转，同时按设定的角度间隔向盐穴腔体壁发射声脉冲，检测回波信号，信号经井下仪器的连接电缆传回地面中心处理机，得到某一深度上的腔体水平剖面图，在盐穴腔体内不断改变检测深度，则可获得腔体不同深度上的水平剖面图；对于盐穴腔体的顶部、底部和异常部分，使用倾斜测量功能，可得到不同倾斜角度下的测量距离。两种原始检测数据经中心处理机软件处理后，最终可得到整个腔体的体积和三维形态图像。典型的声呐三维检测形状见图 4.1-6。

由于溶腔排卤井声呐测井作业时，造腔内管已起出，并且井口压力、造腔外管内的压力及腔体压力已经被充分释放，故测井作业时可以直接利用测井车中绞车牵引测井电缆，利用天地滑轮组合将测井仪器缓慢吊装至井口对零。在进行声呐测井作业前，通过前期一系列的仪器入井前状态检查，并选好声呐测量探头及探头频率，入井后严密监测地面控制系统屏幕

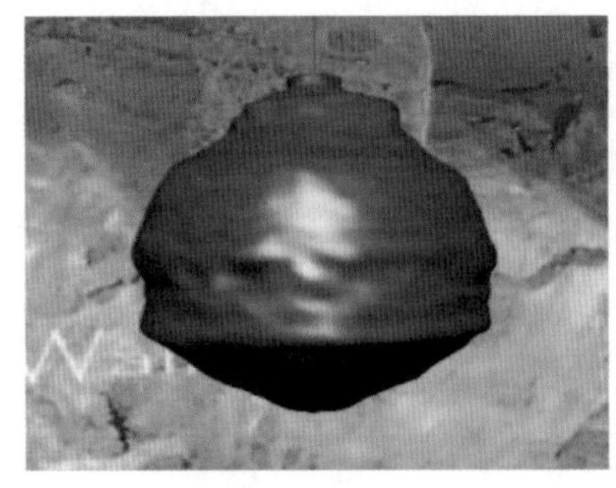
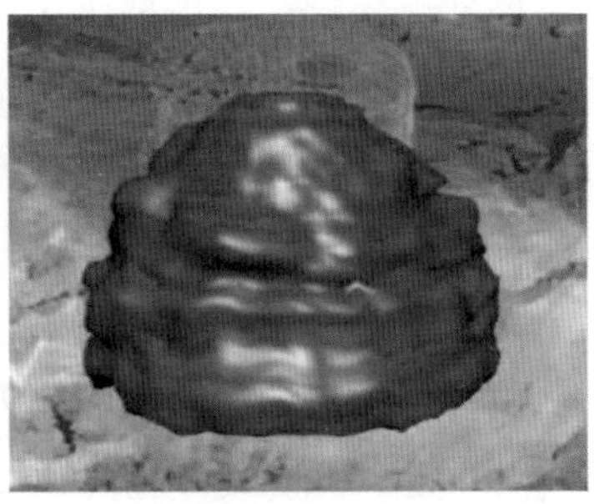

图 4.1-6 典型的声呐三维检测形状

上显示的温度、压力、管柱磁性号、仪器倾斜角度和电缆下井深度等相关测量基础数据，最终达到声呐测井目的。

在高压气腔中进行声呐检测作业时，为了满足井下测井仪器的要求，必须保证腔体内有一定压力，一般腔内压力保持在 10MPa 以上，越高越好。因此，在注采气井井内进行声呐测井作业时，必须带压作业，需要在井口安装防喷装置。

总的来讲，盐穴声呐测井技术作业程序包括作业前准备和测量作业程序。作业前准备主要包括防喷管准备、测井仪器准备和井场准备三个方面。测量作业程序主要包括防喷管的安装、防喷管井口充压、仪器下井、腔体声呐检测、仪器出井。

（4）国内外造腔技术

盐穴储气库建库一般需 2～3 年，腔体体积大，多为（40～80）×10^4m^3。为了加快盐穴储气库建库速度，国外应用了双井盐穴建库技术和薄盐层巷道式建库技术。受资源限制，欧洲一些国家在深层岩盐（埋深 2000m）建库、定向井和丛式井盐穴建库方面取得了明显进展。另外，德国在浅层盐穴建库中推广应用了套管焊接技术，有效提高了注采井筒的完整性。同时，国外也在加强相关储气库标准的修订和完善，加拿大更新完善了储气库标准，API 协会修订完善了两个盐穴储气库标准。

国内盐穴储气库地质条件苛刻，多为层状盐层，且夹层多、品位低，平顶山和淮安的盐层埋深超过 2000m。经过多年的发展，目前，国内盐穴储气库直井普遍采用 339.7mm 技术套管×244.5mm 生产套管×177.8mm 注采气油管的井身结构，并形成了JSS低温抗盐水泥浆、已有溶腔改造利用技术、盐穴井筒及腔体密封性检测技术、盐穴造腔及腔体形态控制技术和注气排卤及注采气完井等建库工程配套技术。我国盐穴地下储气库主要选用的是单井单腔的井型，但是在采盐领域，单井单腔和双井单腔两种方式均采用，甚至双井单腔更多，在我国金坛、淮安、平顶山等地区盐矿废弃老腔除少量为单井单腔外，大部分为双井单腔。在盐穴油气储库建库中主要采用单井单腔，此项技术已经相对成熟。

国内盐穴储气库建库工程技术仍存在一些难题：井型单一，以直井为主，定向井和双井尚未实施，岩盐资源利用率低；盐矿老腔在改建中存在井眼直径大、井况复杂和井筒密封性要求高等技术挑战；盐穴造腔中井下复杂情况多，腔体形态难以控制，且造腔周期长；生产管柱每年调整2~3次，修井工作量大，且采用油垫，导致生产成本高；溶腔实际的形态和体积与设计形态和体积的符合率低，单井溶腔时间达5~7年，单腔耗电约1000×10^4kW·h；注气排卤过程中排卤管易堵塞，排卤时间长，腔底不溶物残留多；储气库井井筒完整性检测、评价和处理缺少相应的工具和标准。

4.1.3.2 盐穴储气优缺点

（1）优点

1）安全性高。渗透率较低，能够保证存储溶腔的气密性，同时盐岩力学性能稳定，具有损伤自我恢复功能，能够适应存储压力的交替变化。

2）占地面积小。储气库的地面设备简单，建设容积为$3\times10^5m^3$盐穴储气库，其地面井口装置占地不超过$100m^2$，对比而言，容积为$5\times10^4m^3$的地面压力容器储气库，需占地$8\times10^4m^2$左右。

3）建设成本低。存储压缩空气时，其投资相当于地面库的1/10，如若是已开采形成的盐穴库，则投资更省。

4）存储压力高。盐穴储气库深埋于地下数百米至上千米，可以承受较高储气压力。德国、美国电站最高储气压力分别为10MPa、7.5MPa。

5）存储气量大。美国一盐穴储气库存气量达$1.35\times10^8m^3$，法国一储气库达$7\times10^8m^3$，注采过程中还可以扩建。

6）密封性能好。盐岩具有非常低的渗透率和较好的蠕变特性，能够保证存储溶腔的密闭性，盐穴储气泄漏量仅为总储气量的$10^{-6}\sim10^{-5}m^3$。

7）技术和成熟度高。造腔技术已十分成熟，且施工方法简单可靠。

（2）缺点

1）地下情况复杂，需要详细的地质勘察资料。在正常开采过程中需要有较强的勘探、开发及地面工程的技术支持。

2）盐穴储气库造腔工程耗时，一般来说造一个 $25\times10^4m^3$ 容积的盐穴储气库，需 2~3 年时间。

3）为达到盐穴储库的预期性状和大小，必须掌握比较复杂的溶腔控制技术并拥有先进的溶腔检测手段，还需要较多的淡水资源。

4）盐水排放的问题，由于在造腔过程中将产生大量的卤水，而盐化企业对卤水排放具有一定的要求和标准，在卤水排放前需要进行相应的处理。

5）盐水溶液对金属有较强烈的腐蚀性，腐蚀管道和设备，不仅会提高建库成本，还会频繁进行修井作业。

4.1.3.3 盐穴储气库建设存在问题及重难点

从工程角度，为降低建库成本，缩短建库时间，最有效的办法就是利用老腔改造技术，将已有采卤老腔改造成适宜 CAES 电站的储气腔体。老腔改造常用于常规天然气储气库中，但与常规天然气储气库相比，CAES 储气库对盐穴腔体筛选的相关标准及腔体改造完成后的井筒稳定性提出了更高的要求。根据我国已建、待建盐穴已有成果初步分析：盐穴的地应力、构造、温度、尺寸（跨度、高径比）、形状、埋深、运行压力、充气排气速度、临近盐穴、软弱夹层等因素影响着盐穴稳定性、封闭性、可使用性，盐穴储气库可能存在的问题和重难点如下。

（1）储气腔体形态筛选及稳定性

国内盐矿床建腔条件普遍劣于国外，其中一个较明显的问题是矿床存在夹层，夹层的存在将带来以下问题：①影响腔体形状。由于夹层限制，溶腔时盐穴形状可能为扁平状，而不是稳定的梨形。②腔体周围岩性不均。如果盐腔形成过程中，穿过非盐岩的薄夹层，造成腔体形态不规则。在腔体周围岩石岩性不同且不均情况下，腔体稳定性论证成为储能腔体筛选的难点所在。不同腔体形状见图 4.1-7。

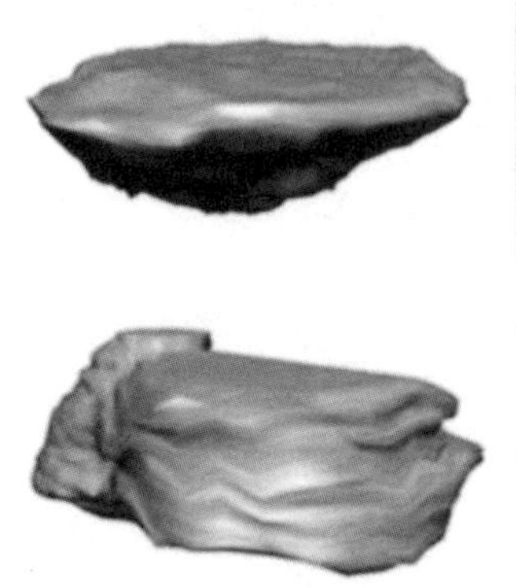

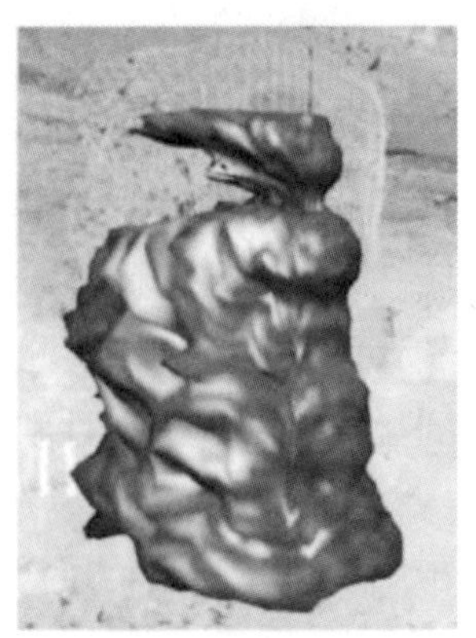

（a）夹层造成的扁平状腔体　（b）岩性不均造成的不规则腔体

图 4.1-7　不同腔体形状

CAES 储气库高频注采造成井筒内压力交替变化。在这种高频交变应力下，如何确定合理的井身结构、钻完井及固井方式以满足全生命周期井筒稳定性的要求，成为施工的难点。含饱和水的湿空气对钢管材腐蚀严重。尽管采用玻璃钢管材能够在一定程度上解决腐蚀问题，但是在德国 Huntorf 电站的应用过程中，会出现管柱疲劳失效情况，另外大直径玻璃钢管柱的强度和上卸扣也是工程施工的难点之处。

（2）储气库库容减小

由于盐岩极强的蠕变特性，盐岩储气库长期运行下，必然出现储气库的体积大幅减少的情形，当盐穴体积收缩过大将会导致盐穴力学性质变差甚至发生失效，且影响储气库的经济性，也可能影响到容积和调峰能力。在存储天然气时有一个规定：盐穴在前 5 年的体积收缩率不能超过 5%，整个生命周期内收缩率不能超过 20%。

法国的 Tersanne 0 储气库在运营期间体积变化的情况：在运营 10 年期间，其体积减小 3000m^3，逐步丧失了储存天然气的经济价值和效益。德国 Huntorf 电站 1984 年和 2001 年探测成果显示，盐穴体积收缩率每年在 0.15%，平均沉降速率 3~24mm/a。德国 Huntorf 电站 1984 年和 2001 年性状对比见图 4.1-8。

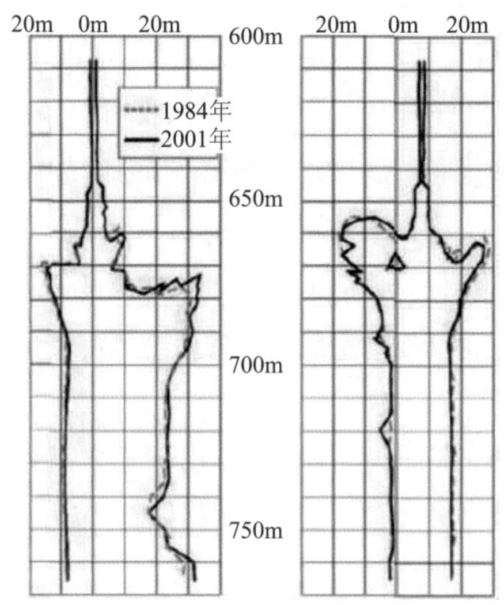

图 4.1-8 德国 Huntorf 电站 1984 年和 2001 年性状对比

因此，在我国压缩储能储气库的建设和改造工程中，研究盐矿中储气库的运营中体积变化规律，对保证储气库的稳定性和寿命具有重要的意义。

（3）盐岩可能存在拉张应力

盐岩在拉张应力作用下较脆，其抗拉张强度极低，因此盐穴周围腔壁中不允许有拉张应力的存在，否则将导致盐岩发生破坏，这也是目前判断盐穴稳定性公认的原则。以下 5 种情况可能产生拉张应力：腔顶大平台形成的顶层下陷、盐腔运行过程中超压、盐岩层与泥岩夹层之间的变形不匹配、临腔之间的运行压力差效应、快速注采气形成的热应力。当盐岩主应力小于 0 时，呈挤压状态，则无拉张应力形成。

（4）产生热应力

当盐穴储气库长期运行时，盐岩蠕变过程中会形成热应力，特别是在注采过程中腔内温度发生变化形成焦耳-汤普逊效应产生的热冲击力，会加速腔内热应力的形成。但目前对于金坛盐穴储气库注采过程中腔内的温度变化规律尚不清晰。

（5）剪切破坏

盐穴储气库小范围、局部的剪切破坏区可以接受，但不可以连接成片，否则可能会导致盐穴发生掉块、片帮等破坏。

（6）膨胀损伤

盐岩在较小偏应力的作用下会发生体积收缩，当偏应力超过某个值时则会由于微裂缝的形成和扩展导致体积膨胀而损伤，盐岩发生膨胀损伤会使得腔壁发生崩塌和失稳，通常用膨胀损伤指标来描述盐岩产生膨胀损伤时的应力状态，该指标也是目前国内外公认的常用稳定性判断指标。盐岩膨胀损伤指标，可以较好地确定储气库的最小运行压力。

（7）穿刺渗透

当平行于盐穴壁的切向应力小于作用于盐穴壁的拉张力（即气压）时，需要考虑气体渗透的风险。当腔壁周围平行应力大于垂直应力时，盐穴无渗透风险；反之，则有渗透风险；当盐穴处于最大气压时，最容易发生渗透风险，可以形成宏观裂缝。因此，当腔壁周围出现小范围的穿刺渗透区域可以接受，但若出现整体性穿刺渗透区时，则需要重新评价其稳定性，并可利用穿刺渗透指标确定腔内最大运行压力。

（8）蠕变应变

盐岩的蠕变性能导致盐穴储气库在运行过程中会发生收缩变形，盐岩蠕变应变不能超过所给定的限值，盐穴的最大蠕变应变率一般要求每年小于1%，整个运行周期内小于10%。对于套管鞋处的盐岩蠕变率一般要求小于0.3%，否则套管鞋会发生塑性变形，存在发生损伤的风险，据此可以确定生产套管鞋与腔顶的安全距离。

（9）地面沉降

盐穴储气库运行过程中由于盐穴收缩会导致地面沉降。地面沉降过快、过大则会导致地面建筑、构筑物的损坏，因此地面沉降速率必须满足建筑、构筑物稳定指标0.044mm/d的控制标准要求，目前盐穴储气库地面沉降指标只是符合地面建筑物的沉降标准，是否满足盐穴长期稳定运行尚无统一定论。

（10）注采方案

注采方案的设计要综合考虑多方面因素，如地区用电需求、电站机组发电能力、腔体承载能力、注采管柱失效风险等。如何在保证腔体稳定和井筒不失效的条件下，根据用电需求确定最合理的注采方案，需要进行研究。

4.1.3.4 优化盐穴储气库的有关措施

（1）形状调整

金坛盐穴储气库几何形状示意见图 4.1-9，其主要参数包括腔顶盐岩顶板厚度、脖颈高度、生产套管鞋下深、盐穴高度、盐穴最大直径、两井距以及矿柱宽度等，各参数根据现场地质条件确定，以确保盐穴的结构稳定性和力学稳定性。按照初始设计方案，金坛盐穴储气库盐岩顶板至少预留 30~35m，脖颈长度为 15m，生产套管鞋下入盐层深度 15m，盐穴最大直径为 80m，矿柱宽度为 200m，矿柱宽度比（矿柱宽度与盐穴最大直径比）约为 2.5，相邻井距为 280m，盐穴顶部锥顶角不超过 120°。

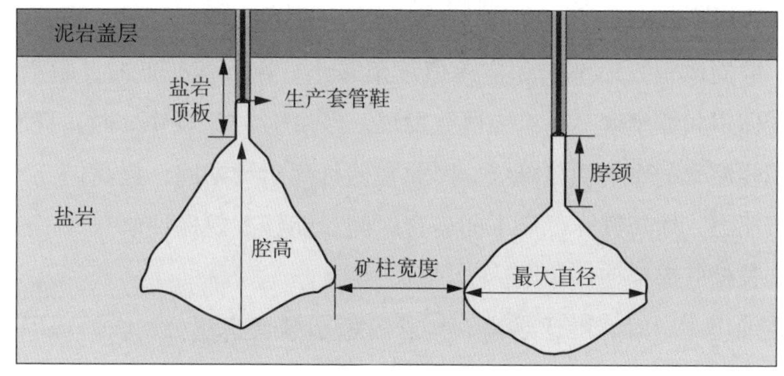

图 4.1-9 金坛盐穴储气库几何形状示意

（2）适当调整注采运行方式

在盐穴储气库设计阶段所考虑的地质模型和盐穴形状较理想，但是在实际造腔和运行过程中，由于复杂的地质条件和工艺技术问题导致盐穴呈现偏溶等畸形形状。目前，在金坛储气库遇到的盐穴畸形形状导致力学性质变差的现象有：盐穴偏溶，导致两口盐穴之间的矿柱宽度小于设计宽度；盐穴脖颈处被溶，脖颈高度变小；腔顶收口失败，形成大平顶。盐穴几何形状难以进行修复，因此需要根据盐穴本身形状进行力学模拟分析，通过优化注采运行方式以弥补盐穴形状缺陷；对于周边的盐穴，若已经溶腔结束，则需要优化并调整注采方式；若还在继续溶腔或未进行溶腔的盐穴则需要对初始盐穴形状设计进行优化，以满足稳定性要求。

盐穴注采运行参数包括注采运行压力区间、注采频次、注采气速率、最小运行压力停留时间等。当对某个注采运行参数进行设计或优化时，将其他参数固定，再进行模拟分析对比。金坛盐穴储气库按照注采运行压力7MPa~17MPa、每年 2 次调峰、注采气压降控制在 0.5MPa/d 进行设计，但在实际过程中往往需要进行 6~10 次调峰。最小运行压力及最小压力停留时间对于盐穴的力学性质影响极大，其与调峰次数有关。与国外盐穴储气库运行方式相比，金坛盐穴储气库目前的注采运行方式偏于保守，尚未发挥最大调峰能力，关于盐穴储气库注采运行参数的确定方法后续仍需要进行研究和细化，在稳定性评价工作的基础上，最终实现盐穴运行的精细化管理。

提高内压对减少储气库的体积收缩百分比具有明显效果，随着内压的增加，腔周体积收缩率的相应差值逐渐减小。在内压较低时，提高内压，对减少体积收缩率明显，有人研究发现，当内压大于 11MPa 时，提高内压对体积收缩率的影响明显降低。因此在储气库运行期间，提高储气库的最低运行压力，缩短其在低压下的运行时间，能够有效保证储气库的安全运行，延长储气库的使用年限。

在轴压一定时，围压越高，盐岩的稳态蠕变率越低；在围压不变时，偏应力越高，盐岩的稳态蠕变率越高。

对于形状规则且运行状况良好的盐穴，可以扩大运行压力区间，特别是适当增加最大运行压力上限、库容、工作气量、注采频次，并可以根据实际需要适当提高注采气速率；对于形状不规则盐穴、在运行过程中盐穴部分区域发生垮塌或变形较大的盐穴，则需要缩小运行压力区间，特别是要提高最低压力，减少低压运行时间，降低注采频次和注采气速率，在运行过程中采取慢注慢采模式。

（3）加强检测频次

储能盐腔改造完成，只是具备了为地面发电装置提供动力的硬件条件，为保证供应的及时和设施本身的安全，需要建立一套监测技术及开发相配套的工具或装备等产品，及时了解盐穴及井筒工作状态是否安全。以后每年需要进行一次带压声呐检测，跟踪分析盐穴的形状变化情况，并进行稳定性评价分析和注采方式优化。

（4）盐穴筛选与稳定性评价

考虑盐穴埋藏深度、体积大小、相邻腔体距离、井筒状态等因素，以声呐测腔和老井井筒状态检测数据为基础，结合地面发电设备对高压空气压力及流量等参数，建立已有盐穴筛选评价程序，优选出合适的盐穴，以满足储存高压空气的需求。

盐穴储气库稳定性评价工作是储气库建造及运行过程中重要一环，直接决定了储气库的运行安全及经济效益。根据金坛盐穴储气库稳定性评价研究结果可见：对盐岩地层实际压力、温度等进行模拟，开展力学实验获得盐岩力学性能参数将是今后的主要研究方向；同时，利用现场监测数据对实验数据进行校核和修正将会变得越来越重要。随着盐穴储气库的不断建设、发展，如何利用建库、运行等过程中的大数据实现对盐穴储气库的安全状态、运行寿命以及风险等级的预测，将是盐穴储气库研究中的重要发展趋势。

（5）储能盐穴井筒工程技术研究

对各种可用的管柱性能进行实验评价，优选出合适的材质。在此基础上，结合注采能力要求进行井身结构优化设计。依据注采气参数要求，设计出可以满足注采能力要求的完井管柱尺寸及井口配置压力和注采能力等级。另外依据目标腔体原有井筒状况，优化设计具体改造工艺技术。

4.1.3.5 废弃盐穴改建地下储气库筛选原则

利用废弃盐穴改建储气库是一项复杂的系统工程，筛选评价结果及改造工程质量的好坏直接关系到储气库是否安全平稳运行。在对金坛、云应等盐矿大量资料调研与前期研究的基础上，借鉴金坛储气库老腔改造技术与经验，结合工程可行性、安全稳定性、经济效益性等因素，初步形成如下盐穴储气库筛选原则：

1）地质条件：构造完整且封闭条件良好，上覆盖层和断层应具有良好的封闭性；盐层有一定的厚度，分布稳定，盐层的物性和连通性好；盖层岩性以盐岩、硬石膏、石膏和较纯的泥岩为主，分布稳定；盐岩层埋深适中（500~1500m），地层平缓，构造较简单，远离断层。

2）废弃盐腔条件：单个盐腔形态较规则，连通老腔施工过程中未发生过压裂；卤水开采过程中状态相对稳定，未发生过影响腔体溶漓的重大复杂事故；独立盐腔间的井口距离原则上应在240m以上。

3）地面条件：地面条件较良好，利于施工；复杂连通老腔井口与周围盐腔井口距离大于100m；井口与村落、学校、医院等人口集中地距离符合国家标准。

4.2 废旧煤矿矿洞

4.2.1 废旧煤矿矿洞概述

我国地下矿产资源丰富，从新中国成立至今，煤矿、盐矿、废弃金属矿等地下资源已开采利用近70年，部分矿井生命周期已经或即将结束，废弃地下空间将大幅增加。据相关机构预测：2030年，我国废弃煤矿矿井数量将达到15000处，废弃地下空间预测达到90亿m^3。如能利用废弃地下空间部分进行压缩空气储能，对于我国资源枯竭型城市转型发展具有重要意义。我国废弃煤矿地下空间示意见图4.2-1。

煤矿地下开采控制顶板的方法主要有3种：一是自然垮落法，二是充填法，三是煤柱支撑法。不同的顶板控制方式形成的采空区种类不同，可利用性也不同。

自然垮落法管理的采空区由于开采中不采取特殊的支护措施，导致垮落后形成了垮落带、裂隙带和弯曲下沉带，可能会破坏煤层上部结构的密封性，而且形成的空间大小难以估计，因此自然垮落法形成的采空区地下空间并不适合改建油气储库。

充填法管理采空区是指煤层开采后用充填材料对采空区进行充填以支撑顶板的岩层控制方法，但是一般采空区充填率在65%~95%，因此充填

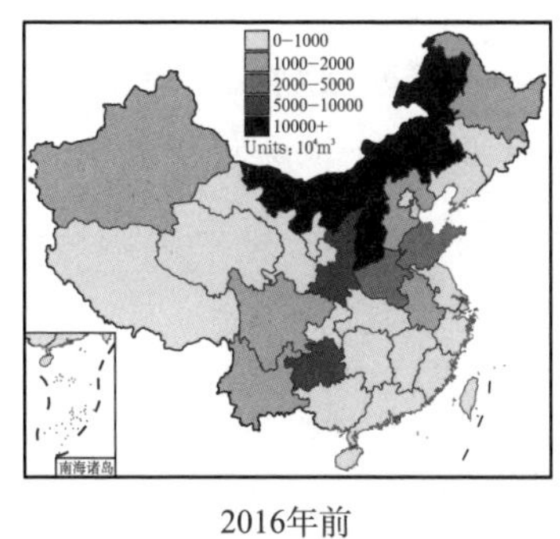

2016年前

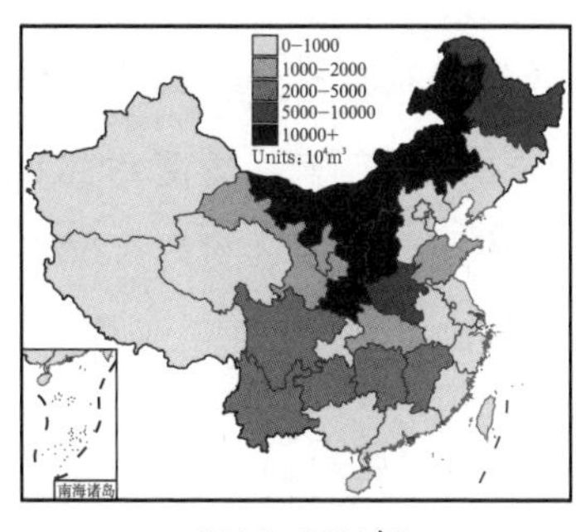

2016—2020年

图 4.2-1 我国废弃煤矿地下空间示意

图片来源：CHEN X，WANG J G. Stability analysis for compressed air energy storage cavern with initial excavation damage zone in an abandoned mining tunnel［J］. Journal of Energy Storage，2022（1）：45.

法采空区的剩余空间很少，不具备规模化改建地下储气库条件。

煤柱支撑法采空区主要存在于房柱式采煤技术体系中，利用留设煤柱来控制采空区变形破坏，保护上部结构不被破坏。由于煤柱的支撑，采空区赋存较为稳定，空间维护情况良好，多数情况下顶板没有发生垮落，而且采空区的范围较大，具备规模化改建地下储气库的潜力。

4.2.2 国外利用废旧煤矿矿洞建设地下储气库

当前国外利用废旧矿洞建设的地下储气库主要被用来存储天然气，两个位于比利时（Peronnes 和 An-derlus 废弃煤矿储气库），另一个在美国（Leyden 废弃煤矿储气库），截至 2022 年，未见有工程是利用废旧煤矿做压缩空气储气库的。3 座煤矿储气库均是为了满足天然气调峰需求而建设，目前仅美国的储气库还在运行。

美国 Leyden 废弃煤矿储气库是正在运行的煤矿储气库。该煤矿距地表 240~260m，煤矿开采时间为 1903—1950 年，采煤形成 311 万~368 万 m^3 的存储空间。由于煤矿为房柱式开采，对煤层的顶板及上部结构保护较好，顶板未发生破坏，地表未发生沉陷，煤层上方致密页岩为储气库提供了良好的密封性。煤矿储气库于1958年开始建设，煤矿初始建库时，先将矿井内的水全部抽空，然后采用特定密封方式进行竖井封堵，1960年在1.4MPa压力下进行了气密封测试，通过一年的密封测试及井筒修补，Leyden储库运行压力区间为0.6MPa~1.7MPa，总库容量为8500万m^3，最大工作容量为6200万m^3，地层剖面见图4.2-2。

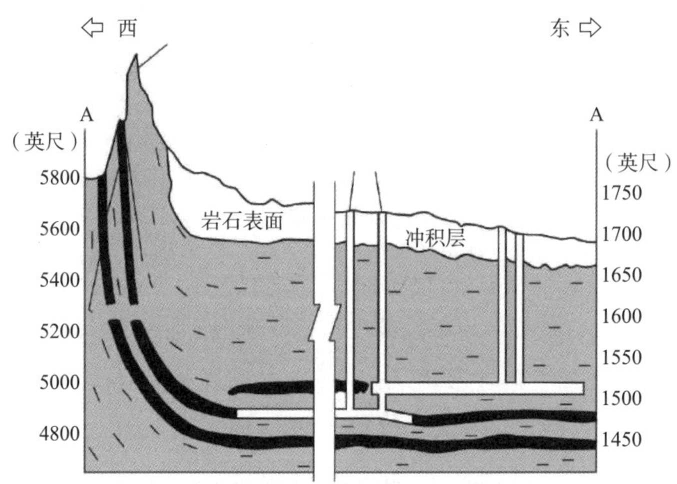

图4.2-2　美国Leyden废旧煤矿储气库地层剖面

图片来源：武志德，郑得文，李东旭，等．我国利用废弃矿井建设地下储气库可行性研究及建议［J］．煤炭经济研究，2019，39（5）：5.

4.2.3　运用废旧煤矿矿洞储气

4.2.3.1　利用废弃煤矿改建地下储气库潜力

房式开采煤矿在我国普遍存在，鄂尔多斯周边的陕西、内蒙古、山西地区，黑龙江所在的东北地区和四川、重庆、贵州所在的西南地区分布最多。以鄂尔多斯煤田为例，该煤田是我国主要煤炭基地，横跨内蒙古、山西、陕西地区，其煤炭储量多达2300亿吨，占我国探明总储量的22.6%。该区长期应用房式采煤法开采，在近160亿吨的可采储量中资源回收率仅占36%~40%，66亿~70亿吨资源成为房式遗留煤柱，这些遗留煤柱支撑地下采空区不至于垮落，粗略估计可形成的地下房式采空区空间超过5亿

m^3，同时该地区天然气气源丰富，天然气管网发达，非常适合建设地下储气库，如果满足建库原则全部利用，预计可形成至少 100 亿 m^3 的储气能力。

4.2.3.2 废弃煤矿改建地下储气库筛选原则

一般地下储气库库址的选择涉及很多因素，对废弃煤矿矿井地下储气库而言更为苛刻。首先建库区块的地质条件是最基本的，同时还要考虑地面条件、工程技术条件及经济可行性等。结合地下储气库建库条件及技术与废弃煤矿特点，初步建立储气库筛选原则。

1）区位条件：靠近电力主要消费区，与主电网及用户距离越近越经济，0~200km 为宜。

2）煤层及构造条件：煤层展布稳定，以水平煤层或缓倾斜煤层为主，构造落实、简单，储气范围内无断层或断层不会对密封条件产生影响。

3）存储条件：埋深大，煤柱支撑式开采煤矿形成空间，储气空间需规模化，与周围煤矿无连通。

4）稳定性条件：采空区顶板保存较好，上部垮塌未对盖层产生影响，地表无下沉或塌陷发生。

5）密封条件：采空区上部分布良好的稳定的盖层，盖层岩性以膏盐或较纯的泥岩为佳，无裂缝，厚度和渗透率需满足一定要求。

6）水文条件：煤矿内水系分布简单，采空区内不含水或水淹情况小者优先。

7）地面条件：避开人口密集区、大型的工厂及建筑物、特殊区域等，保证安全，易于建库和节约投资。

4.2.3.3 废弃煤矿改建地下储气库技术方法

废弃煤矿改建地下储气库示意见图 4.2-3。在采空区顶板保存良好，同时地下空间较大的废弃煤矿空间，对采煤竖井、巷道或斜井进行密封，了解采空区内积水情况并进行处理。在完成井筒密封和积水处理的基础上，进行气密封实验，确保建成储气库的密封性，判断最大承压能力，最后在采空区上方钻一定数量的注采井并配置井控措施，同时在盖层上部钻一定数量的监测井，监测气库的密封性，最终建成废弃煤矿储气库。

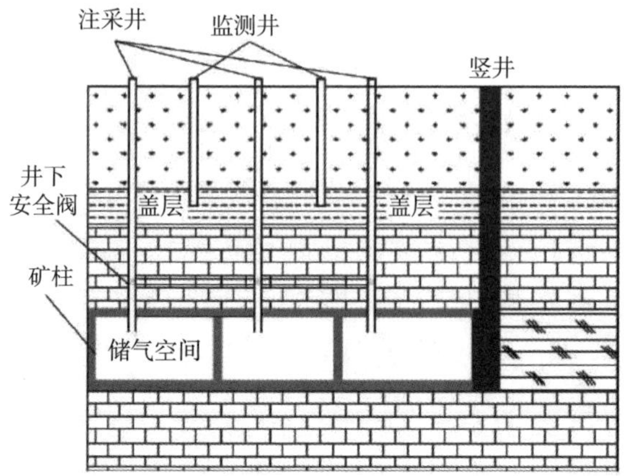

图 4.2-3 废弃煤矿改建地下储气库示意

图片来源：武志德，郑得文，李东旭，等. 我国利用废弃矿井建设地下储气库可行性研究及建议［J］. 煤炭经济研究，2019，39（5）：5.

4.2.3.4 相关研究及存在问题

（1）中煤能源研究院有限责任公司王帅以 2016 年退出的新集三矿作为研究对象①

将矿井地下开采-340m 和-550m 两个生产水平作为储气库矿井地下空间的选取依据，考虑了围岩岩性的影响，根据新集三矿的工程勘察资料，岩体参数建议值见表 4.2-1。

表 4.2-1 岩体参数建议值

材料性质	弹性模量/GPa	单轴抗压强度/MPa	单轴抗拉强度/MPa	黏聚力/MPa	内摩擦角/（°）	泊松比
细砂岩	14	8	0.9	1.2	42	0.27
石英砂岩	14	8	0.9	1.2	42	0.27
砂质泥岩	5	4.1	0.5	0.5	35	0.32
泥岩	5	4.1	0.5	0.5	35	0.32

① 王帅，蒲宝基，蹇军强，等. 废弃煤矿压缩空气储能地质安全稳定性分析［J］. 煤炭工程，2020，52（8）：5.

根据上文提出的原则，经初步分析，新集三矿主、副井筒穿越地层较复杂，支护强度高，拟利用-250m至井底段岩层；-340m井底车场及硐室处于Ⅲ类粉砂岩岩层，胶结良好，坚硬致密，渗透率较小，抗压强度高，抗风化能力强；-550m井底车场及硐室处于Ⅲ类石英砂岩，为中等稳定岩层。所有可利用空间合计57656m^3。新集三矿储气库示意见图4.2-4。

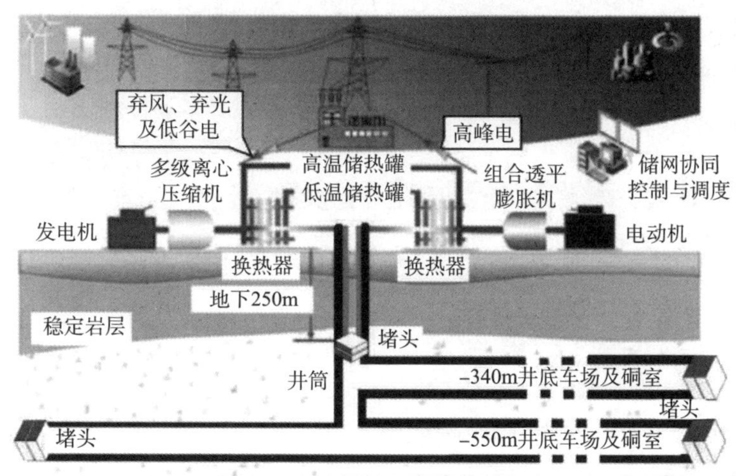

图4.2-4　新集三矿储气库示意

在合理的压力变动范围内，通过采取适当的加固（混凝土衬砌）和密封措施，具备压缩空气储能电站建设的要求。

（2）中国矿业大学Chen Xiaohu对具有初始开挖破坏带的采空废弃隧道压缩空气储能洞室稳定性进行了分析①

开采和作业过程围岩初始存在非均质性开挖破坏区，非均质性开挖破坏区对硐室位移和稳定性存在影响，洞壁位移随运行周期的增加而增大，在高损伤区，主应力随工作循环而减小，但在低损伤区，主应力保持稳定。主应力差在扰动区先变化后趋于稳定。较大的硐室半径、传热系数、

① CHEN X H, WANG J G. Stability analysis for compressed air energy storage cavern with initial excavation damage zone in an abandoned mining tunnel [J]. Journal of Energy Storage, 2022 (1): 45.

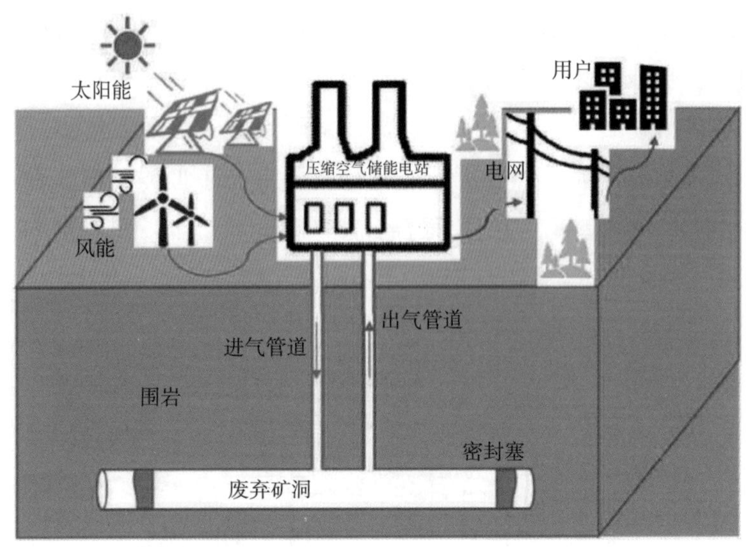

图 4.2-5　废弃矿作为储气库示意

硐室初始压力、注入空气的温度和较快的注气速度会导致大部分排出，废弃矿作为储气库示意见图 4.2-5。

几何参数对硐室位移的影响最大。相比之下，空气注入温度、空气注入速率、硐室初始压力、传热系数和硐室埋深对硐室稳定性的影响较小。随着硐室半径、空气注入量、传热系数、硐室初始压力和注入空气温度的增大，硐室位移也增大。然而，硐室的体积和埋深越大，位移越小。因此，可根据实际地理条件选择合适的硐室半径和体积。

针对一个废弃矿井巷道的 CAES 硐室，加固受损区域硐室是实现长期稳定和安全的必要条件。

（3）西班牙学者研究了带内衬的采矿巷道能否在压缩空气储能系统中储存高压压缩空气①

采用三维 CFD 数值模型研究了压缩空气储能系统中地下储气库在

① J MENÉNDEZ, J FERNÁNDEZ - ORO, GALDO M, et al. Numerical investigation of underground reservoirs in compressed air energy storage systems considering different operating conditions: Influence of thermodynamic performance on the energy balance and round-trip efficiency [J]. Journal of Energy Storage, 2022.

6MPa～10MPa 工作压力下的热力学性能。地下库选用截面积为 $8m^2$、体积为 $400m^3$ 的 U 形采掘巷道。压缩空气周围考虑了 15cm 厚的钢筋混凝土衬砌和 5m 厚的岩体，带内衬的采矿巷道作为储气库研究示意见图 4.2-6。考虑到不同的运行条件，分析了 10 个压缩和膨胀循环中储层内的空气温度和压力变化以及储层壁的传热。然后，利用数值模型的结果估计初步能量平衡和往返能量效率。

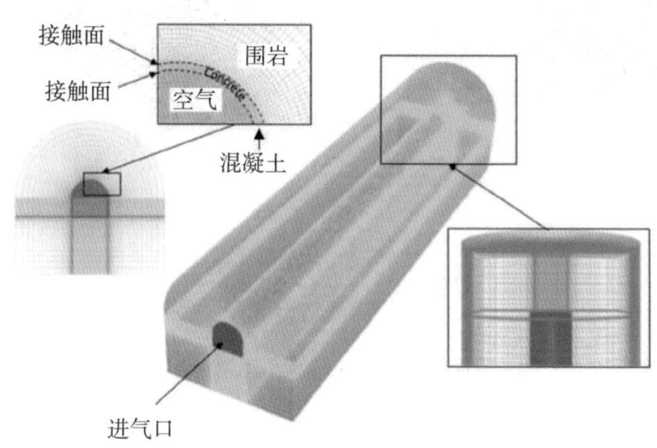

图 4.2-6 带内衬的采矿巷道作为储气库研究示意

研究结果表明，当地下储气库内的空气质量流量和空气温度降低时，储气容量增大。此外，当气温变化减小时，发电量和往返能源效率也会增加。通过使用较低的空气质量流率和注入空气温度以及较高的导热性混凝土衬砌，可以提高系统的整体效率和发电量。

（4）同济大学 Xu Yingjun 分析了大同废旧煤矿矿洞作为压缩空气储气库的不同堵头设计形式的优缺点①

项目计划利用 1080 运输平巷和 North-5 竖井作为地下储气硐室，埋深 300m。硐室总体积约 $90000m^3$，总长度约 3000m。考虑了两种施工和封堵方案，以最大限度地确保硐室的稳定性。封堵示意见图 4.2-7。

第一种方案在水平巷道与竖井交叉处设置混凝土封堵，竖井不用于储

① XU Y J, ZHOU S , XIA C , et al. Three-dimensional thermo-mechanical analysis of abandoned mine drifts for underground compressed air energy storage: A comparative study of two construction and plugging schemes [J]. The Journal of Energy Storage, 2021, 39 (2): 102696.

气，如图 4.2-7（a）所示；

第二种方案利用竖井作为储气库，在竖井顶部设置混凝土封堵，如图 4.2-7（b）所示。

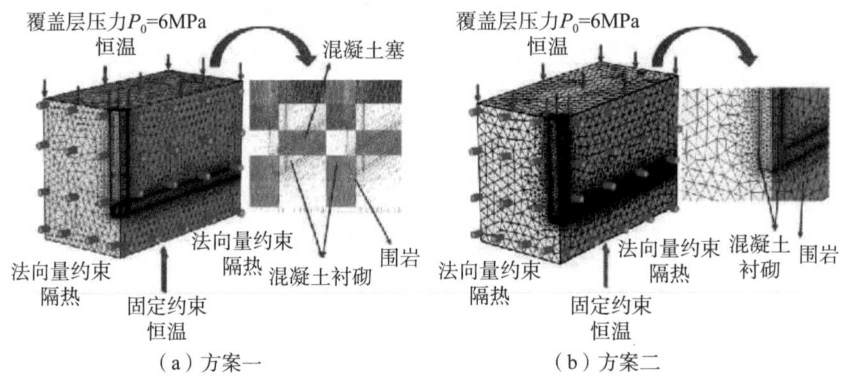

（a）方案一　　（b）方案二

图 4.2-7　封堵示意

数值结果表明，两种方案在 CAES 循环中的空气温度和压力变化为“上—下—下—上”。温度沿径向变化很大。与混凝土衬砌和围岩外表面相比，硐室内表面的温度波动更为明显。然而，随着 CAES 循环的增加，温度的影响深度增加，主岩被注入的空气加热。虽然这两种方案的气温变化相似，但第二种方案（充分利用竖井进行空气储存）的最大气压较高。

由于开挖卸载和大量空气注入硐室，混凝土衬砌产生很大的拉应力。第一种方案（North-5 竖井和 1080 巷道交叉处堵塞）导致拱壁底部和顶部的应力集中。第二种方案导致竖井和巷道相交处的应力集中。在工程实施过程中，必须加固应力集中的位置。此外，第一种方案优先考虑，因为第二种方案具有更高的最大拉应力和更复杂的洞穴拓扑。

（5）西班牙学者选择西班牙北部地下煤矿 450m 深处的隧道网络作为案例进行研究，以验证绝热压缩空气储能（A-CAES）系统的技术可

行性①

在充放电过程中，A-CAES 电厂的岩体每天都要承受机械循环荷载。因此，有必要分析岩体在整个使用寿命内的行为。分析了两种不同的衬砌方案，即 15cm 厚的混凝土衬砌和无衬砌隧道，它们都具有内部合成密封，以避免通过衬砌和岩体裂缝漏气。通过建立两个三维数值模型来分析 A-CAES 电厂的地质力学性能。在第一个模型中，假设压力值为 5MPa、7.5MPa 和 10MPa，并考虑 12800m^3 的储存空间，研究变形和塑性状态。在第二个模型中，考虑到压力范围在 4.5MPa～7.5MPa，模拟了衬砌和非衬砌隧道 10000 次循环（使用寿命）的循环加载操作，地下煤矿巷道作为储气库示意见图 4.2-8。结果表明，隧道周围的岩体能够承受中等变形和较小塑性区厚度的压力，而通过应用操作条件，观察到初始体积的增加小于 0.5%。此外，预计在运行期间不会出现疲劳故障。

（6）韩国学者研究了开挖破坏区（EDZ）对衬砌岩石硐室压缩空气储能（CAES）地质力学性能的影响②

如果硐室周围的 EDZ 可以最小化，则通过混凝土衬砌诱发拉伸断裂和空气泄漏的可能性可以大大降低。此外，结果表明，减少衬砌拉伸破坏可能性的最有利设计是具有紧密内部密封的柔性混凝土衬砌，以及具有最小 EDZ 的相对坚硬的主岩。

煤矿开采完成后，矿区周边地质条件可能会发生许多变化，如地下水恢复、残余甲烷气体排放、煤岩损伤破坏等。由上述研究成果可知，结合压缩空气储能储气库特点，这些变化可能会对储气库硐室的稳定性和围岩环境产生重大影响，主要问题包括地下瓦斯等有毒气体对电站运行期安全的影响，煤岩的损伤对储气库后期运营影响，矿洞需采取何种密封、支护措施才能适合压缩空气储能储气库的建设等。

---

① SCHMIDT F，MENENDEZ J，KONIETZKY H，et al. Converting closed mines into giant batteries：Effects of cyclic loading on the geomechanical performance of underground compressed air energy storage systems［J］. The Journal of Energy Storage，2020，32（8－11）：101882.

② KIM H M，RUTQVIST J，JEONG J H，et al. Characterizing excavation damaged zone and stability of pressurized lined rock caverns for underground compressed air energy storage［J］. Springer Vienna，2013（5）.

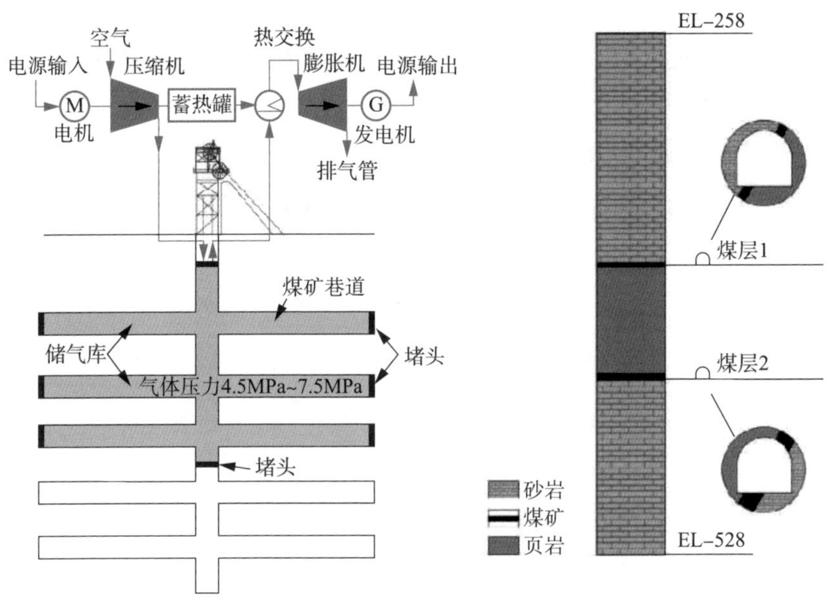

图 4.2-8　地下煤矿巷道作为储气库示意

4.2.3.5　经济预测

中国矿业大学何秋德以徐州权台煤矿为例进行了分析①，结果表明：将煤矿废弃巷道、压缩空气蓄能技术与峰谷电价差三者有机结合起来，在实现煤矿废弃巷道二次利用的同时，既能对 3000MW 容量的电网系统进行调峰带来巨大的社会效益，还能获得每小时 22.52 万元利润的巨大经济效益，且项目的投资回收期为 8.5a，项目安全率为 88.28%。

4.2.3.6　增大废旧煤矿洞穴储气可行性

对于如何增大利用废旧煤矿洞穴作为压缩空气储能储气库的可行性，可从以下几方面着手：

1）推荐选取布置在岩巷里的地下空间作为存储空间，严禁利用采空区的空间。

---

① 何秋德，陈宁，罗萍嘉．基于压缩空气蓄能技术的煤矿废弃巷道再利用研究［J］．矿业研究与开发，2013（4）：4.

2）必须采取措施使储气空间与煤层隔离。

3）应对原有岩巷里的巷道和硐室的稳定性做安全性分析，并做相应的加固，使之能承受压缩空气的储存压力。

4）应对储气空间覆岩的完整性做可利用性判识分析。

5）采取相关措施严格控制检修工况下矿井水的渗入量。

4.3 硬岩高压储气库研究

地下储气库是压缩空气储能电站选址的决定因素，其中人工开挖的硬岩硐室有受地质构造限制小、适应范围广等优点，随着国内水利水电等领域等地下工程的拓展，新开挖硬岩地下储气库的研究及应用逐渐被投资主体、研究机构推向风口。

我国通过试验研究和技术研发，突破了浅埋硬岩大规模地下高压储气库的建造技术，解决了10MPa级高压空气反复加卸载循环作用下地层稳定及高压密封问题，可在岩石条件较好的地区开展地下储气库选址，拓宽了大型压缩空气储能的应用范围。

4.3.1 国外地下高压储气库建造技术研究现状

近些年国外对不同类型的地下高压储气库进行了较多研究，Prado等①采用解析和三维CFD数值模拟方法，分析了废弃矿井井筒在充放气过程中的热力性能。隧道衬砌混凝土厚度为35cm，有效体积为200m^3，典型工作压力为5MPa~8MPa，使用了玻璃钢（frp）和钢作为密封层，模型还考虑了混凝土衬砌周围2.5m厚的砂岩岩体。结果表明，加压空气与密封层之间以及密封层与混凝土衬砌之间存在显著的热流密度。然而，在岩体中没有观察到温度的波动。采用钢制密封层可以减小空气温度波动。

① PRADO，MENENDEZ，BERNARDO-SANCHEZ，et al. Thermodynamic Analysis of Compressed Air Energy Storage（CAES）Reservoirs in Abandoned Mines Using Different Sealing Layers［J］. Applied Sciences，2021，11.

Schmidt 等①研究了充放电过程中循环荷载对岩体使用寿命的影响，分析了 15cm 衬砌和无衬砌方案两种情况，内含密封层以避免空气泄漏，通过两个三维数值模型，分析了地质力学性能。在第一个模型中，假设压力值为 5MPa、7.5MPa 和 10MPa，考虑储存空间为 12800m^3，研究了变形和塑性状态。然后，在第二个模型中，考虑 4.5MPa～7.5MPa 的压力范围结果表明，隧道围岩具有中等变形和较小塑性区厚度的抗压能力，施工条件下隧道初始体积增加不超过 0.5%，此外，在运行期间不会出现疲劳故障。

Menéndez 等②针对压缩空气储能地下天然或人工地下高压储气库开展研究，为了建立储存系统，选用高强度、低渗透性和足够体积的岩体，针对疲劳性能并不经常评估的问题重点分析，目的是确定在废弃矿井中实施以压缩空气为基础的能源储存系统的可能性。首先用解析方法确定了储层的极限压力，并根据岩体性质的函数，用数值计算方法确定了储层的极限压力。最后，基于岩体力学特性损伤与节理条件的变化联系，提出了一种评价岩体循环载荷和放电引起的疲劳行为的方法。

Lucio Tiago Filho 等③针对巴西内陆的一个州的地质特征和主要风流区位置，进行了热力学和能量计算，并作了相关经济分析，研究表明建设压缩空气储能电站配套风能，需要政策支持和大型储能电站规模效应。Amirlatifi 等④针对现有的天然储气库系统改造成井，降低勘探、地质力学风险评估和钻进圈闭成本，比较了将天然气储气库基地转化为 CAES 与常规储能的净效益。

① SCHMIDT F, MENENDEZ J, KONIETZKY H, et al. Converting closed mines into giant batteries: Effects of cyclic loading on the geomechanical performance of underground compressed air energy storage systems [J]. The Journal of Energy Storage, 2020, 32 (8-11).

② MENéNDEZ J, FERNáNDEZ-ORO J, GALDO M, et al. Numerical investigation of underground reservoirs in compressed air energy storage systems considering different operating conditions: Influence of thermodynamic performance on the energy balance and round-trip efficiency [J]. Journal of Energy Storage, 2022.

③ LUCIO TIAGO FILHO, GERALDO, et al. Analysis and feasibility of a compressed air energy storage system (CAES) enriched with ethanol [J]. Energy Conversion and Management, 243.

④ AMIRLATIFI A, VAHEDIFARD F, DEGTYAREVA M, et al. Reusing Abandoned Natural Gas Storage Sites for Compressed Air Energy Storage [J]. Journal of Environmental Geotechnics, 2019: 1-49.

Xu Yingjun 等①对 60MW 压气储能采空区的热力响应进行了两种施工和封堵方案的对比研究。第一种方案只用巷道作为储气库，竖井用混凝土堵塞。第二种方案使用巷道和竖井做储气库。建立了三维耦合模型，充分考虑了温度场、位移场和空气状态的相互作用。通过数值方法进行了验证，模拟结果表明，气温和气压在一个循环中呈现“上升—下降—下降—上升”的变化。两种方案的气温基本一致，气压存在较大差异。在充气阶段，空气注入巷道会产生较高的张应力。第一种方案应力集中较小，拉应力较小，说明 1080 巷道与 North-5 竖井交会处的混凝土堵塞是降低应力集中的有效措施。

Camargos 等②介绍了一种将抽水蓄能技术与压缩空气储能技术相结合的新型储能系统的实验结果，称为 PH-CAES，两个储罐分别装有压缩空气和水，由阀门隔开。当需要电力时，阀门打开，水流入冲击式涡轮机，再与发电机连接。实验转化率为 45%，合理转化率接近 30%。

Zhang 等③提出了在 500m 以下浅层使用盐丘的小型或中型地层建设容量为 10MW～100MW 电站，研究中采用解析方法计算在给定的洞穴深度（h）、洞穴尺寸（w/h）、水平与垂直地质应力比（k）和内部空气压力下，洞顶和侧壁的环向应力和径向应力。分析表明，贮存腔顶部的机械稳定性是容许贮存压力范围的决定因素。容许最大贮存压力和容许最小贮存压力可求出，较高的 k 值和 w/h 值有利于确保较高的储存压力。

Pfeiffer 等④基于砂岩等多孔地质构造建设压缩空气能源储存系统，在未来能源系统中可能提供大量储存能力。在 CAES 系统中，功率和储存的能量与地质储层中的储存压力和可达到的质量流量密切相关。提出的耦合模拟器，能够准确地描述电厂、地下储能场所以及它们在所有潜在的系统

① XU Y J, ZHOU S W, XIA C CH, et al. Three-dimensional thermo-mechanical analysis of abandoned mine drifts for underground compressed air energy storage: A comparative study of two construction and plugging schemes [J]. The Journal of Energy Storage, 2021, 39 (2).

② CAMARGOS, POTTIE, FERREIRA, et al. Experimental study of a PH-CAES system: Proof of concept [J]. Energy, 2018, 165: 630-638.

③ ZHANG J , ZADEH A H , KIM S. Geomechanical and energy analysis on the small- and medium-scale CAES in salt domes [J]. Energy, 2021, 221: 119861.

④ PFEIFFER W T, WITTE F, TUSCHY I, et al. Coupled power plant and geostorage simulations of porous media compressed air energy storage (PM-CAES)[J]. Energy Conversion and Management, 2021, 249.

运行模式中的相互作用。

Han 等[①]针对地下盐穴压缩空气储能研究，建立了围岩卸荷速率与抽气速率之间的安全关系曲线。抽气期间空气的减少导致围岩卸荷，威胁盐穴的稳定。对岩盐进行了 6 个卸荷速率下的围压卸荷试验。结果表明，岩盐在卸载初期由于弹性压缩应变的减小而发生体积膨胀。体积应变迅速膨胀超过阈值，即加速应变点。破坏点和加速应变点的应力分布表明，较低的卸载速率有利于岩石强度的提高，快速卸荷将促进裂纹扩展。

4.3.2 国内地下高压储气库建造技术研究现状

国内关于地下高压储气库的研究近几年逐渐增加，相关煤矿企业提出了利用废弃深地空间进行压缩空气储能的原则和要求，提出了用于选取合适储气压力区间的稳定性评价准则，相关数值计算为利用废弃矿井进行压缩空气储能提供了借鉴。李毅等对含水层压缩空气储能选址进行了研究，借鉴理论研究和相似工程经验，选择储层性质、地质安全和经济效益三大类评价因素共 12 个评价指标建立含水层压缩空气储能选址依据。中国电建集团中南勘测设计研究院有限公司（以下简称中南院）牵头自 2012 年开始进行压缩空气储能地下高压储气库研究，针对压缩空气储能地下高压储气库选址选型、地下结构稳定控制、密封技术、检测监测技术研究取得了一系列研究成果。后期在多个示范工程进展过程中，又针对大型地下人工开挖高压储气库、废旧巷道高压储气库的结构稳定、埋深理论等进行了深入研究，并应用于工程设计建造。

4.3.3 地下高压储气库建造技术研究方向

压缩空气储能地下高压储气库技术研究主要针对以下方向：

1）地下储气库埋深与布置。

2）地下储气库储存高压气体时空温度分布与变化规律。

---

① HAN Y, MA H, YANG C. The mechanical behavior of rock salt under different confining pressure unloading rates during compressed air energy storage（CAES）［J］. Journal of Petroleum Science & Engineering, 2021：196.

3）循环荷载与循环温度作用下地下储气库的稳定分析。

4）新型密封材料的研究与应用。

5）地下储气库库容有效利用技术。

6）地下储气库漏气工况下岩体的破坏机理分析。

7）地下储气库施工技术。

8）地下储气库智慧运营技术。

9）地下储气库的经济性问题。

4.3.4 地下高压储气库设计理论

（1）初始地应力场

地层本身存在着初始应力场，地层内各点的应力称为原岩应力，或称地应力。它是未受到工程扰动的原岩体应力，亦称原始应力。它包括由于上覆岩层的重量引起的重力、相应的侧压力以及由于地质构造作用引起的构造应力。根据近三十年实测与理论分析证明，地应力是一个相对稳定的非稳定应力场，即岩体的原始应力状态是空间与时间的函数。

硐室开挖之前，岩体处于静止平衡状态。开挖后由于洞周卸荷，破坏了这种平衡，硐室周围各点应力状态发生变化，以达到新的平衡。由于开挖，洞周岩体应力大小和应力方向发生变化，这种现象叫作应力重分布。应力重分布后的应力状态叫作围岩应力状态，以区别于原岩应力状态。地下工程的开挖，使得开挖边界点的应力“解除”，从而引起围岩应力场的变化，所以地下结构分析中开挖的作用必须予以考虑。

在设计分析中采用自重应力场模拟初始地应力场中铅直向应力的作用，采用侧压力系数反映水平构造应力作用的影响。

（2）开挖的机理及其实现

开挖的仿真模拟分析主要包括开挖单元应力释放并转化为等效节点荷载以及作用于结构自身的问题。

将形成的开挖荷载施加在开挖边界上，在初始应力场的条件下求出整个结构相应的扰动应力场，所得位移为开挖后开挖周边围岩的位移。

使用有限元方法分析地下结构的开挖问题时，必须事先对所计算的结构进行网格剖分，进而计算得到整体结构的刚度矩阵。开挖使得部分单元从整个结构中挖除，使得此时整体结构的劲度性质发生了变化，有限元计算不得不对其重新计算，这是一项极其耗时的工作。为了能够克服这样的问题，ABAQUS 程序中采用“死活”单元的形式，以“死”单元来模拟开挖单元。这里所谓“死”单元就是把要开挖掉的单元的物理参数值取得很小，小到其对整体刚度的贡献可以忽略的程度（默认“死”单元的 E 值取为正常单元的 10^{-6}倍，甚至更小）。这样在开挖时，只需要改变这些被开挖掉单元的物理参数，而不需要重新形成整体刚度矩阵，在很大程度上节省了时间和精力。

（3）喷锚支护的模拟

喷层本身具有良好柔性，能充分发挥围岩的自承能力，进而能有效控制围岩变形、维持围岩的稳定。它的原理是利用岩体中开挖硐室后产生变形的时间效应这一动态特性，适时采用既有一定刚度又有一定柔性的薄层支护结构与围岩紧密地黏结成一个整体，通过与围岩共同变形来加固和保护围岩，使围岩成为支护主体，充分发挥围岩自身承载能力，从而增加围岩的稳定性。

目前，对锚杆支护作用的数值模拟方法主要有锚杆单元法（离散杆单元模拟）和等效连续法（加锚岩体均质等效），其中等效连续法不具体模拟每根锚杆，而是将加锚后得到改善的岩体力学参数反映到计算模型中去。这样可以方便地建立模型，对大范围的锚杆支护模拟非常有效。但是如何正确选取加锚后的岩体力学参数值，具有较大的困难，而且计算结果有一定的近似性。其中瑞士联邦理工学院 Egger 教授等人对加锚节理岩体作了大量的室内和现场试验，总结出了锚杆对节理岩体加固的经验公式。

（4）混凝土损伤塑性模型

由于钢筋混凝土材料和荷载效应的复杂性，现存的各种混凝土本构关系、破坏准则、钢筋的本构关系及钢筋与混凝土的交互模型等，是在模型试验的基础上，基于一些简化和假定而建立的与模型试验结果基本相符的数学力学模型。基于不同的假定，不同有限元软件在钢筋混凝土非线性分析中采用了不同的模型，各有特点。ABAQUS 提供了混凝土弹塑性断裂损伤模型及钢筋单元。该模型将损伤指标引入混凝土模型，对混凝土的弹性刚度矩阵加以折减，以模拟混凝土的卸载刚度随损伤增加而降低的特点。因此非线性计算程序推荐采用 ABAQUS。

（5）围岩材料屈服准则

屈服准则表示岩体在复杂应力状态下岩体材料开始进入屈服的阶段，其作用是控制塑性应变的开始阶段。屈服条件在主应力空间中表现为屈服面方程，如果岩体材料介质某点的应力状态位于屈服面之内，则此时该点处于弹性阶段，而应力状态如果在屈服面之上，则岩体介质在该点表示已进入塑性状态，这时岩体在该点一般既有弹性变形，又有塑性变形。在岩土工程中，土体破坏准则应用最广泛的即为 Mohr-Coulumb 准则。

4.3.5　大型储气库结构稳定性及优化分析研究

4.3.5.1　压气蓄能热力耦合数值模拟方法及基本力学参数

（1）压气蓄能硐室内压及温度场控制

目前压气蓄能内衬硐室存在两种可能的形式：一为隧道式，二为大罐式。地下压气蓄能内衬岩石硐室形式如图 4.3-1。

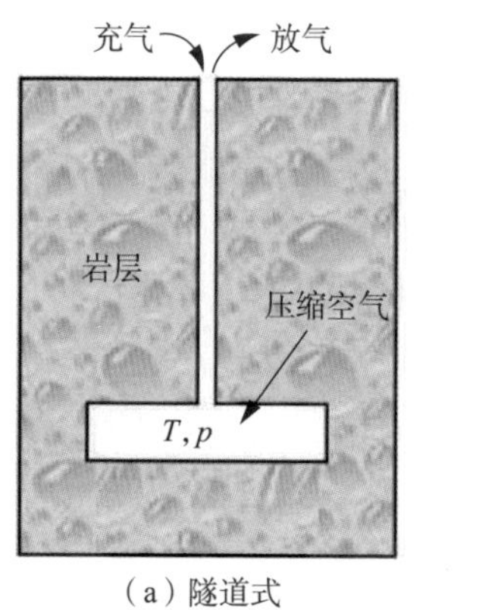

（a）隧道式　　（b）大罐式

图 4.3-1　地下压气蓄能内衬岩石硐室形式

为了计算方便，采用一种压气蓄能的概念模型，从而略去了许多与天然气储库类似的构造，如排水区和滑动层等，只关注与稳定性密切相关的部分，最终考虑硐室稳定系统由密封层、衬砌和围岩组成。传热模型示意如图 4. 3-2，典型的压气蓄能循环中的变化如图 4. 3-3。

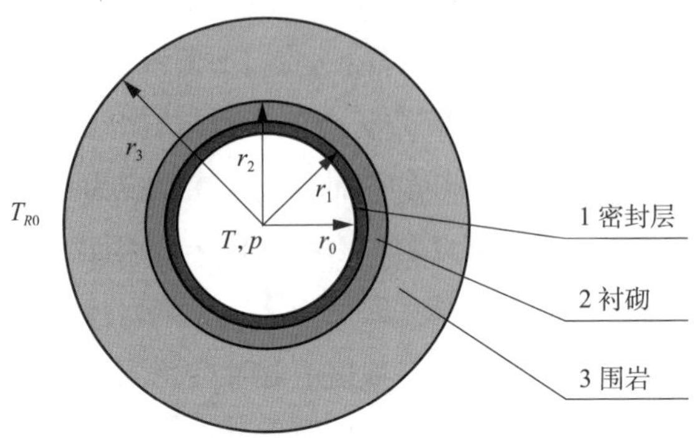

图 4. 3-2　传热模型示意

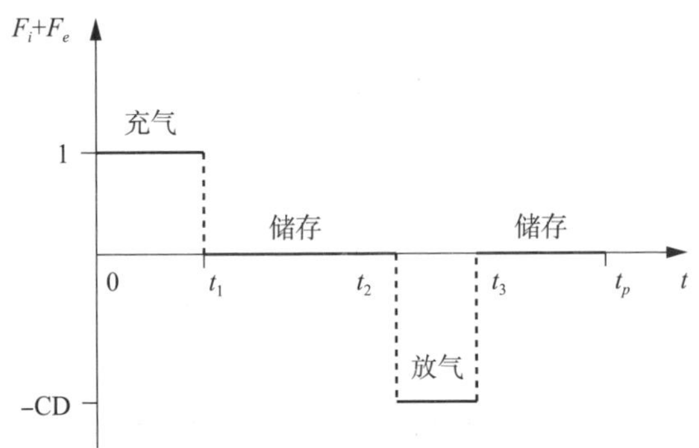

图 4. 3-3　F_i+F_e 在一个典型的压气蓄能循环中的变化

（2）压气蓄能内衬硐室热力耦合数值模型

在压气蓄能硐室运营期间，硐室周围衬砌以及围岩的应力场由硐室开挖形成的初始应力场和硐室内高压气体以及温度场变化引起的应力场组成，因此可采用 COMSOL 软件进行模拟，建立高内压和温度反复耦合作用下压气蓄能内衬硐室热力耦合数值模型。

在对模型进行离散后，进行压气蓄能内衬硐室温度场和应力场的求解，主要过程如下：

1）建立固体力学模块，得到初始地应力场，控制方程为弹性力学基本方程。

2）将洞内气体状态求解作为一个独立的模块，该模块囊括了硐室内气体温度、压强和密度求解所需的所有控制方程。

3）建立由密封层、衬砌和围岩组成的传热模块。

4）建立由密封层、衬砌和围岩组成的热弹性模块。

5）在洞内气体与传热模块、热弹性模块、初始地应力模块之间进行耦合求解，洞内气体和传热模块之间具有热量传递，传热模块得到的温度场作为热弹性模块的温度条件，洞内气体压强作为力边界作用到热弹性模块上；初始地应力模块得到的应力场作为热弹性模块的初始地应力条件施加在模型上。

6）设定好计算时间以及初始状态，然后进行计算。

在压气蓄能运营前，硐室周围密封层和混凝土衬砌已施工完毕，可采用图 4.3-4 所示的计算简图对运营前的应力场以及位移场进行解析计算。

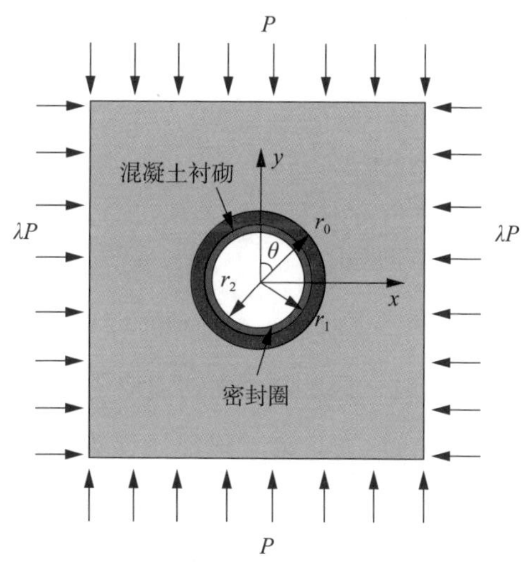

图 4.3-4　计算简图

4.3.5.2　硐室结构形式及布置方式优化

以下将对影响硐室稳定的各类因素进行进一步定量分析。

(1) 围岩类别

压气蓄能硐室需承受高内压的作用。因此，应选择岩石强度高、岩体较完整、硐室稳定性好的岩体布置压气蓄能硐室，避开不良地质构造。根据《水利水电工程地质勘察规范（2022 年版）》（GB 50487—2008）对围岩的分类，Ⅰ、Ⅱ类围岩的地质条件能够满足要求。

围岩的力学性质对衬砌变形影响很大。只有当围岩弹模超过 25GPa 时衬砌最大环向应变才会满足要求，这就要求选址地围岩强度高、具有较大弹模，这也要求了围岩类别为：Ⅰ和Ⅱ类［按《水利水电工程地质勘察规范（2022 年版）》（GB 50487—2008）］。大强度、刚度的围岩有较大的限制变形能力，进而防止衬砌拉裂。另外，当围岩体的弹模难以满足要求时，可以对围岩进行加固或者对衬砌采取必要的稳定性控制措施。

（2）地应力条件

围岩初始应力场由自重应力场和构造应力场组成，水平应力与竖向应力的比值（即侧压力系数）对硐室稳定性有着显著的影响。根据内压作用下圆形硐室弹性解，可获得洞壁上的切向应力公式：

$$\sigma_\theta=-P_0(1+\lambda)-2P_0(1-\lambda)\cos2\theta+P \tag{4.3-1}$$

式中：λ 为侧压力系数；

P_0 为上覆岩石自重应力；

P 为作用在洞壁上的内压；

σ_θ 为洞壁切向应力值；

θ 从水平轴起始，逆时针为正，顺时针为负（°）。

可以得到：当 $\lambda<1/3$ 时，顶拱内表面切向应力为拉应力；当 $\lambda>3$ 时，侧壁内表面切向应力也为拉应力。为了保证压气蓄能硐室围岩的密封性，要求围岩不出现拉应力，即侧压力系数在 1/3 到 3 之间。

（3）硐室埋深

对于内压硐室的合理埋深，按照前述的抗抬准则和最小主应力准则进行分析。采用圆形硐室弹性解，要求围岩始终处于受压状态，则可获得满足要求的围岩自重应力：

$$P_0 \geqslant \begin{cases} \dfrac{P}{3\lambda-1} & (\dfrac{1}{3} \leqslant \lambda \leqslant 1) \\ \dfrac{P}{3-\lambda} & (1 \leqslant \lambda < 3) \end{cases} \tag{4.3-2}$$

进一步分析，若要求围岩不出现拉应力，则当侧压力系数接近 1/3 或者 3 时，所需埋深较大，经济上不可行。

（4）硐室布置和硐室形状

硐室的地下分布以及形状对维持硐室在内压下的稳定具有重要作用，设计时需开展针对性研究，确定理想的硐室形状以及分布的形式。

压气蓄能地下硐室选址区要求地质构造简单、岩体完整稳定。洞线与岩层层面、构造断裂面及软弱带走向最好垂直，或成较大夹角。当夹角过小时，必须采取相关工程措施。当硐室位于高地应力地区时，应考虑地应力对围岩稳定性的影响，宜使硐室轴线与最大水平地应力方向一致，或成较小夹角。相邻硐室间距参考《水工隧洞设计规范》（DL/T 5195—2004）中的要求，不宜小于 2 倍开挖洞径。

岩石地下内衬硐室的布置形式主要有两种：隧道式和大罐式，压气蓄能硬岩地下硐室布置形式如图 4.3-5。隧道式的硐室形式的代表有美国 Soyland 项目和韩国的压气蓄能试验洞项目，他们都是采用一系列平行的水平隧洞作为压气蓄能地下构造物，断面形式分别为城门洞形和圆形。大罐式硐室由 1 个或多个储存硐室、连接储气硐室的竖井和施工巷道组成，一般采用钢衬密封，目前多用于储存压缩的天然气，内压可高达几十兆帕。每个硐室的开挖形状类似于煤气罐，一般从底部螺旋向上开挖，顶部基本呈半球形，底部呈椭球形。在岩石条件较好的情况下，大罐式岩洞直径一般在 35~45m，高 60~100m。隧道式和大罐式硐室施工难度不同且受力变形特征也较为不同，因此在硐室选型时应明确下来。同时，对于隧道式硐室，有圆形硐室和马蹄形硐室之分，而马蹄形硐室围岩会出现张拉破坏，对硐室稳定和密封十分不利。此时，从施工和稳定性角度，应优先考虑圆形隧道式硐室。

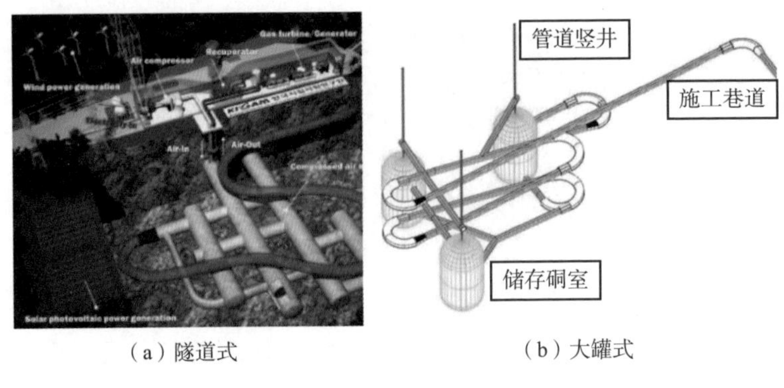

（a）隧道式　　（b）大罐式

图 4. 3-5　压气蓄能硬岩地下硐室布置形式

（5）其他因素

采用提出的数值模拟计算方法和理论分析方法，对不同因素下围岩温度场和受力变形特征进行计算，从前述的指标和原则出发，给出了压气蓄能内衬硐室初步设计时应考虑的具体参数范围。这些考虑的因素为：①运营时间；②初始气温和空气注入气温；③初始压强；④围岩泊松比；⑤围岩热膨胀系数；⑥围岩导热系数；⑦换热系数；⑧围岩密度；⑨密封层材料形式，性质；⑩衬砌厚度；⑪围岩的 c、φ 值；⑫空气的充放量，充放速率；⑬体积一定时，洞径变化；⑭单洞总体积；⑮双硐室时硐室间距。在前人的研究和规范资料的基础上，通过不同因素下的计算结果，以运营压力 10MPa 为例，给出了高内气压作用下压气蓄能内衬硐室最优的布置情况，如表 4. 3-1 所示。

表 4. 3-1　高内气压作用下压气蓄能内衬硐室最优布置

序号	稳定性影响因素	要求	说明
1	选址要求	应选择岩石强度高、岩体较完整、硐室稳定性好的位置布置压气蓄能硐室，避开不良地质构造。按《水利水电工程地质勘察规范（2022 年版）》，应选择Ⅰ和Ⅱ类围岩	压气蓄能硐室要承受较高的内压作用，且围岩是内压的主要承担者，因此对围岩质量要求较高

续表

序号	稳定性影响因素	要求	说明
2	岩性	花岗岩，花岗闪长岩，闪长岩，辉长岩，橄榄岩，块状玄武岩，凝灰岩，石英岩，大理石，巨大的片麻岩，白云石，致密灰岩	要求岩体在高压下保持稳定性，渗透率低，强度足够；渗透系数小于 10^{-8}m/s
3	侧压力系数	应在 1/3~3，宜取 2/3~2	侧压力系数小于 1/3 或大于 3 时，硐室开挖将出现张拉破坏。当侧压力系数在 2/3~2 时，能使埋深在满足设计准则时也能满足经济性要求
4	硐室埋深	满足最小主应力准则。若采用圆形硐室，应使自重应力为洞内最大内压的 1/2~1	最小主应力准则简便实用，相对保守，圆形硐室受力容易分析，其埋深可以以不出现围岩受拉为原则确定
5	硐室形状	建议选择隧道式圆形硐室或大罐式硐室，不应选择马蹄形硐室	在对不同洞型的硐室稳定性分析后发现，马蹄形硐室围岩会出现张拉破坏，对硐室稳定和密封十分不利。圆形硐室和大罐式硐室稳定性和密封性较好，而隧道式硐室的施工相对简单，经验更丰富
6	硐室直径	建议洞径在 6~15m 选择	围岩塑性区与开挖直径大致成正比。洞径越大对稳定性造成的偶然因素更多，因此不推荐洞径过大；而洞径太小则影响施工，建议洞径在 6~15m 选择。若采用大罐式，直径可按具体计算相应增加
7	硐室间距	多排硐室间距宜为 2 倍洞径以上；当侧压力系数小于 1 时，间距不能小于 1 倍洞径	经过数值分析验证，2 倍洞径间距对硐室塑性区影响不明显；1 倍洞径间距且在侧压力系数为 1/3 时，可能出现整体破坏
8	初始岩石温度	20~60℃	
9	初始空气压力	2MPa~7MPa	初始空气压力太大，充气后压力过大；同时受空压机等设备的性能制约
10	空压机空气流动率	50~250kg/s	
11	围岩弹模	>25GPa	弹模太小，围岩和衬砌变形过大，不利于施工和维持硐室密封性能
12	围岩热膨胀系数	$>5\times10^{-6}$	围岩膨胀产生的压应力有助于减小径向受拉效应

续表

序号	稳定性影响因素	要求	说明
13	围岩导热系数	0.8~4W/（m·K）	对稳定性影响不大
14	换热系数	1~100W/（m^2·K）	对稳定性影响较大，换热系数大时稳定性较好
15	密封层	钢衬、气密混凝土、高分子材料	从稳定性和气密性角度，优先采用钢衬；气密混凝土衬砌作为密封层时需要加强；高分子材料可采用丁基橡胶等，由于传热到围岩内热量少，衬砌拉应力较大
16	衬砌厚度	>200mm	过小对于密封性和受力均不利
17	围岩黏聚力	>1.5MPa	经过计算确定
18	围岩内摩擦角	>50°	《水利水电工程地质勘察规范（2022年版）》（GB 50487—2008）Ⅱ级岩体取值建议值，黏聚力大时可经过计算适当减小
19	单洞体积	根据经济性和发电要求确定	单洞体积对稳定性影响不大
20	双硐间距	>3D	

4.4 地下储气库建设

近年来，大规模地下储气库建设技术取得了一定的突破，提升了压缩空气储能电站的选址灵活性。为满足储气容量要求，10MW以上的大规模压缩空气储能电站基本采用地下储气库，地下储气库建设也是因地制宜、灵活布置，主要包括盐穴储气库、废旧矿洞储气库和新建硬岩储气库等。

盐穴储气库多基于已开采完成的老腔，主要成本在于初期改造和后期维护，建设投资成本相对较小，但盐岩地层具有地区局限性，且存在盐穴蠕变、盐岩夹层变形破坏诱发盐穴失效问题；地下矿洞改造与新建硬岩储气库中新建洞穴均需一定量的建设投资，地下矿洞改造的主要问题是地下瓦斯等有毒气体的影响及煤岩的损伤可能对储气库建设投资和后期运营影响较大，新建硬岩储气问题相对较少，主要在于洞穴开挖和衬砌支护等相关投资能否控制在一定合理范围内。

由本节对各类型储气库建设条件及造价条件的综合分析可知：

1）由于钢材单价较高，大型压缩空气电站采用高压钢罐储气造价最高，初步估算可占电站总投资的30%以上，经济性最差。但从布置条件上来说，高压钢罐不受厂区地质条件限制，可以更靠近负荷中心，甚至布置在城市里。对于未来火电容量替代的应用场景，如直接利用火电厂厂址改造储能设施，采用地面储气罐是更可行的方式。为进一步降低造价，应尽量少用钢材，在高分子材料、钢混复合结构容器等方面开展研究。

2）盐穴储气库多基于已开采完成的老腔，主要成本在于初期改造和后期维护，建设投资成本相对较小。但盐岩储气库存在选点局限性、盐穴失效、输气管道受限发电效率低等问题。

①选点具有局限性。除了由于建库条件缺陷导致可选择的盐穴少外，还有几方面因素制约盐穴点位选择。一是压缩空气储能电站单机容量100MW~300MW，周边如有大型抽水蓄能电站资源点，压缩空气储能电站优势不大，易被取代。二是盐穴作为天然气储气库经济性较好，其投资回收期3~4年，相比而言压缩空气储能项目回收期更长，地区从盐穴开发利用经济性上考虑，更优先存储天然气。

②可能存在盐穴蠕变、盐岩夹层变形破坏等问题，诱发盐穴失效。

③盐穴输气管道过长或口径过小均可能导致效率较设计水平偏低。金坛盐穴深度大（约1000m），输气管路长；盐穴出气口距离电站厂房远；盐穴进出气管道直径为20cm，口径小，风阻大，且单管不能满足压放气需求。

上述三个条件导致压放气过程中损耗较大，发电效率降低。

3）新建硬岩储气库布置限制最少，单位造价最高，运行问题相对较少。随着压缩空气储能项目的规模化发展，地下工程的建设费用有一定下降空间。另可考虑开挖料综合利用、开发新型衬砌结构和密封材料等，以进一步降低造价。

4）矿洞改造储气库工程造价适中，但不同矿洞的地质条件相差较大，工程投资不确定性可能较大。对于煤矿而言，地下瓦斯等有毒气体和煤岩损伤等可能影响后期运营。

综上，现阶段已有肥城、金坛利用盐穴建设压缩空气储气库，并且有多个大规模的规划项目（300MW 级）拟利用盐穴储气，其储气库建设成本是最低的。张北（100MW）、中宁（100MW）等项目采用新建硬岩储气库，这些项目处于在建和规划状态。初步估算储气压力 10MPa 条件下，当电站装机 1kW×4h 时，需 0.6~0.8m^3 储气空间，由此推算 300MW×6h 电站需要 30 万~40 万 m^3 空间。采用新建硬岩硐室作为大规模压缩空气储能电站的储气库，其主要优点是可选择区域广、点位多，但其建设成本也是最高的。矿洞改造同样需要支护、衬砌密封，且可能遇到的主要问题是矿井水和有毒有害气体的渗（涌）入，对不同的品种和地层不确定性较高，防护和处理代价可能会很高。

5

项目实践

5.1 已运行项目

5.1.1 金坛

为落实电力发展“十三五”规划，2017 年 5 月，针对江苏地区调峰储能电站的需求，国家能源局批准了金坛“江苏盐穴压缩空气储能发电系统”国家级示范项目。中盐金坛 60MW 盐穴压缩空气储能示范项目位于江苏省常州市金坛区薛埠镇，采用中盐集团地下盐矿采盐形成的废弃空穴作为储气空间，由中盐集团、清华大学及中国华能三方共同投资建设，首期投资 5.34 亿元建设一套 60MW 盐穴非补燃压缩空气储能系统，储能时长 5h。金坛压缩空气储能电站为日调度的调峰电站，低谷阶段从电网购电储能运行 8h，高峰阶段发电运行 5h。

江苏金坛 60MW 压缩空气储能示范项目设计电换电效率 60%，2022 年 4 月 27 日，项目实现满功率 60MW 储能运行，成功向地下盐穴注气，4 月 30 日完成首次满负荷储能-发电运行，2022 年 5 月 26 日正式投产，实际运行额定工况下转换效率 61.2%。项目现场鸟瞰图见图 5.1-1。

金坛国家示范项目采用优化的非补燃压缩空气储能技术路线，该系统由电动机、压缩机组、盐穴储气库、蓄热系统、膨胀机组、发电机、调度控制系统和送出系统组成。其中，压缩机组采用两级离心式压缩机组，各级出口均布置蓄热换热器；膨胀机组采用两级轴流式空气透平膨胀机，各级前均布置回热换热器，用于加热透平进气。蓄热系统采用高温合成导热油作为储热和换热工质，最高蓄热温度达 360℃。高压空气储存于地下盐

图 5. 1-1　项目现场鸟瞰图（2022 年 4 月）

穴中，为保障盐穴储气库运行的稳定性和可靠性，结合中盐金坛公司盐穴现状，选定采卤完毕的茅 8 井，地下盐穴容积 22. 4 万 m^3，埋深 865～972m，最大直径 80. 1m，净高度 106. 6m。项目经 1 回 110kV 专线接入 220kV 坞家变，能够有效提高当地电网的调节能力，支撑电网安全经济运行。电站中央控制室见图 5. 1-2，压缩机见图 5. 1-3，膨胀机见图 5. 1-4，导热油-空气换热器见图 5. 1-5，导热油储罐见图 5. 1-6。采用声呐测腔和可视化数据分析方法得到的茅 8 井盐穴储气库三维形态及尺寸见图 5. 1-7。

图 5. 1-2　电站中央控制室

图 5.1-3 压缩机

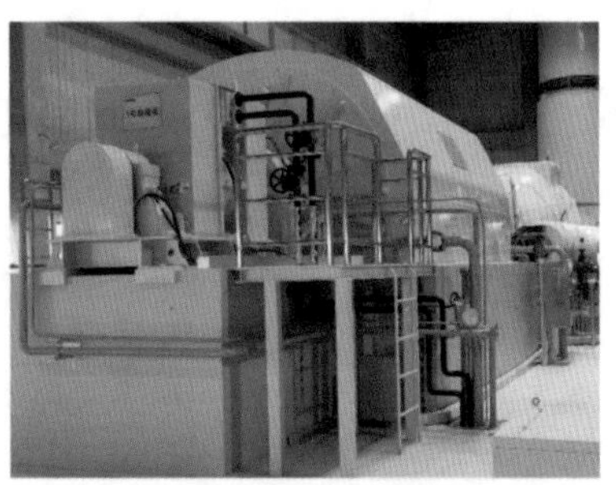

图 5.1-4 膨胀机

图 5.1-5 导热油-空气换热器

图 5.1-6 导热油储罐

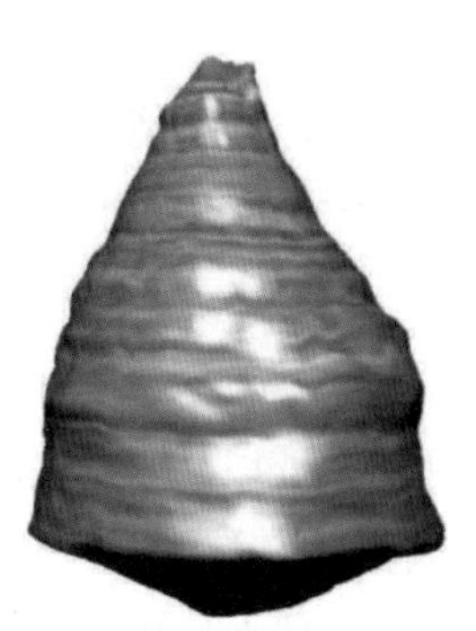

（a）三维形状

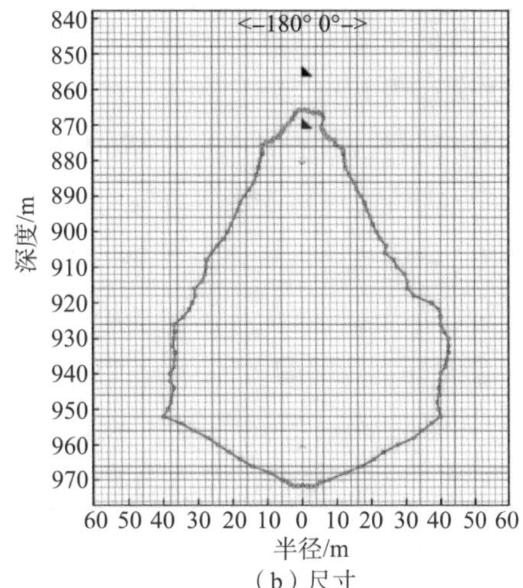

（b）尺寸

图 5.1-7 茅 8 井盐穴储气库三维形态及尺寸

图片来源：梅生伟，张通，张学林，等．非补燃压缩空气储能研究及工程实践：以金坛国家示范项目为例［J］．实验技术与管理，2022，39（5）：1-8.

金坛项目主设单位、设备供应单位、安装调试单位等建设各方均为国内企业。详细的设备及工程采购见表 5.1-1。

表 5.1-1 设备及工程采购

设备/工程	供应商/承包商
主设单位	中国能源建设集团江苏省电力设计院
地下工程设计	中石油钻井研究院
压缩机	沈阳鼓风机集团
压缩机电机	上海电气集团
透平发电系统	东方电气集团
油气换热器	哈尔滨电气集团
导热油	中国石油化工集团
土建	浙江省二建建设集团有限公司
安装	中国电力建设集团上海电力安装第一工程有限公司
监理	中国电力建设集团上海电力监理咨询有限公司
DCS 系统	南京科远智慧科技集团股份有限公司
组态/调试	西安热工研究院有限公司
主变压器	天威保变（合肥）变压器有限公司
质量监督检查	中电联电力工程质量监督总站

金坛国家示范项目为日调度的调峰电站，根据当地用电负荷状况，电站的运行模式如下①：

1）储能过程。运行时间为 23：00 至次日 7：00，利用低谷电、弃风电等驱动压缩机由环境中吸气并压缩，产生高温高压空气进入压缩侧油气换热器中与导热油进行换热，导热油吸热升温后进入高温导热油罐，压缩空气放热降温再经冷水塔冷却至环境温度后进入盐穴储气库中进行储存。

2）能量储存。时间为 7：00—13：00，此时压力势能以高压空气的形式储存于盐穴储气库中，压缩热能以高温导热油的形式储存于高温导热油罐中。

3）释能过程。运行时间为 13：00—18：00，此时为用电高峰时段，高压空气从储气库中释放，在发电侧油气换热器内被高温导热油加热后进入带中间再热器的二级空气透平膨胀做功，完成发电过程。

4）待储过程。时间为 18：00—23：00，释能过程结束后，储气库内

① 梅生伟，张通，张学林，等. 非补燃压缩空气储能研究及工程实践：以金坛国家示范项目为例［J］. 实验技术与管理，2022，39（5）：1-8.

压力降至初始状态，导热油放热完毕后进入常温导热油罐，等待下一个储能过程开始。此外，除释能过程外，透平发电机组以调相模式运行，以少量的高压空气及热能损耗为代价，采用高压空气直接驱动透平发电机组使其保持同步转速，通过励磁控制发出或吸收一定量的无功功率，从而实现对电网无功电压支撑的功能。

5.1.2 毕节

贵州毕节10MW压缩空气储能示范平台由中科院工程热物理研究所研制，储能时长4h，额定工况下效率为60.2%。厂房占地面积2500m^2；储气罐采用管线钢方式，储气压力4MPa~10MPa，地上地下双层布置，储气罐占地面积5000m^2；采用热水储热，蓄热罐最大容量220m^3，储热温度低于130℃。2021年底经过4000个小时的试验运行，正式并网发电。贵州毕节10MW压缩空气储能示范平台部分设备见图5.1-8。

（a）膨胀机测试子系统

（b）蓄热/换热测试子系统

（c）管线钢储气系统

图5.1-8 贵州毕节10MW压缩空气储能示范平台部分设备

示范平台得到了国家重点研发计划项目“10MW 级先进压缩空气储能技术研发与示范”及北京市科技计划项目“大规模先进压缩空气储能系统研发与示范”等课题经费支持。

5.1.3 肥城一期

百兆瓦级先进空气储能电站（第一阶段 10MW）位于山东省泰安市肥城市边院镇岔河店村南，由中储国能（山东）电力能源有限公司投资，2019 年 11 月 23 日正式开工建设，2021 年 9 月 23 日正式实现并网发电。规划安装规模 310MW，分两批建成，第一期安装规模 10MW，项目一期用地 1.33 万 m^3，设计年均利用小时数 2640h，年设计发电量 26400MWh。项目一期工程成功入选“山东省能源领域新技术、新产品和新设备目录”及“2021 年度国家储能领域首台（套）重大技术装备项目名单”。2022 年 7 月，获批成为我国首座参与电力现货交易的压缩空气储能独立电站。项目二期 300MW 调峰电站于 2022 年 9 月 24 日正式开工，占地面积 97943m^2，总投资 15 亿元，预计年发电 5.94 亿 kWh，通过参与电力现货市场方式提供多种辅助服务获取收益，预计项目资本金内部收益率约为 16.38%，投资回报周期约为 7.1 年。

肥城压缩空气储能调峰电站一期厂房外观见图 5.1-9。

图 5.1-9　肥城压缩空气储能调峰电站一期厂房外观

项目一期建设内容主要包括一座 35kV 升压站、储能车间、循环水泵房以及地下储气部分。35kV 升压站由配电楼、户外主变压器、避雷针、35kV 开闭所等构筑物组成。配电楼为局部三层的钢筋混凝土框架结构，储能车间为单层钢结构厂房，利用盐穴作为储气容器，体积约 30 万 m^3，埋深约 1126m。升压站主变容量 20MVA，将发电机电压由 10kV 升压到 35kV 后，通过 1 回 35kV 线路接入五凤 220kV 变电站，并入山东电网。

本项目采用蓄热式先进压缩空气储能系统，主要包括多级宽负荷压缩机、多级高负荷膨胀机、高效紧凑式换热器、电动机、发电机、控制系统等。项目规模为 10MW/100MWh，充电功率 13. 5MW（电动机驱动多级压缩机将空气压缩至高压并储存至地下盐穴中，完成电能到空气压力能的转换，实现电能的储存），发电功率 10MW（释放压缩空气并通过节流阀将压力降至膨胀机进口压力，通过多级透平膨胀做功，实现空气压力能到电能的转换），系统额定效率（60±3）%，设计寿命大于 30 年。

5. 2 在建及前期项目

压缩空气储能项目发展历程见图 5. 2-1。自 1949 年提出利用地下洞穴压缩空气进行储能的理念以来，国内外开展了大量研究和实践。国外两座大型压缩空气储能电站在德国 Huntorf 电站（290MW，压缩储能时长 12h、发电时长 3h）和美国 McIntosh 电站（110MW，压缩储能时长 41h、发电时长 26h）分别于 1978 年和 1991 年投入商业运行。我国自 2014 年建成了 0. 5MW 的芜湖非补燃示范项目，2021 年 10MW 毕节、肥城非补燃压缩空气电站投运，之后金坛压缩空气储能项目（60MW）于 2022 年 5 月投入运行，张北压缩空气储能项目（100MW）也于 2022 年进入带电调试阶段。

目前，100MW 级压缩空气储能项目已逐步投入示范应用。规划或设计阶段的一大批压缩空气储能项目，装机规模逐步由 100MW 发展到 200MW 或 300MW。压缩空气储能技术正由示范应用阶段逐步转向商业化发展阶段。

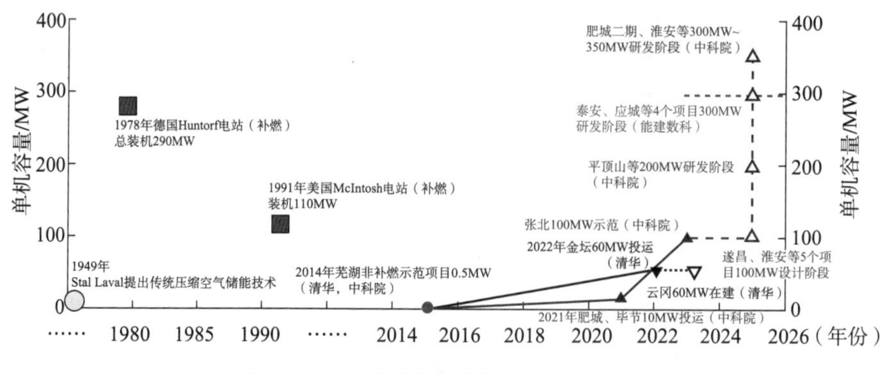

图 5.2-1　压缩空气储能项目发展历程

据不完全统计，除以上在建项目外，我国正在开展前期和规划的压缩空气项目共 22 项，总装机容量 4945MW。其中中国能建数科集团投资 7 项，共 1800MW，单机容量 100MW~300MW，以 300MW 为主。采用中科院工程热物理研究所技术（部分为中储国能投资）9 项，共 1385MW，单机容量以 100MW 为主。其他项目由中国华能集团公司、中国长江三峡集团公司、国网山东电力公司、葛洲坝能源重工有限公司、福建省石狮热电有限责任公司等投资。

由于大型压缩空气储能电站需要较大的储气空间，地上储气罐（管）价格昂贵（多为钢材料容器，钢的单位造价 10000~20000 元/吨），因此基本均采用地下储气库。地下储气库主要有盐穴、新建洞穴和矿道改造 3 种形式，本书收集到的大型压缩空气储能项目中利用盐穴项目 8 个、新建硬岩储气库项目 3 个、改造废弃矿洞项目 5 个。

5.2.1　张北

5.2.1.1　项目概况

张北县位于河北省西北部，西与尚义县交界，北与内蒙古商都县、河北省康保县相邻，东部与沽源县接壤，南部与张家口市毗邻，地理坐标位于东经 114°10′~115°27′，北纬 40°57′~41°34′。河北省张家口市张北县综合能源项目储气库建造工程项目位于张北县工业园区内，海张高速和安固里大道之间，西邻海张高速，北邻榕泰云计算中心，南侧毗邻机耕道，距海张高速约100m，距安固里大道约200m，距高速公路张北北高速收费站约50m。综合能源项目储气库建造工程项目设计库容3.00×10^{4}m^3，设计使用年限为30年。主要工程内容为建设地下储气硐室，建设相关的连接巷道、竖井、密封系统、密封塞、安全监测等。储气库区主要由2个储气硐室、1条连接巷道和2个竖井等组成，储气洞库布置示意见图5.2-2。

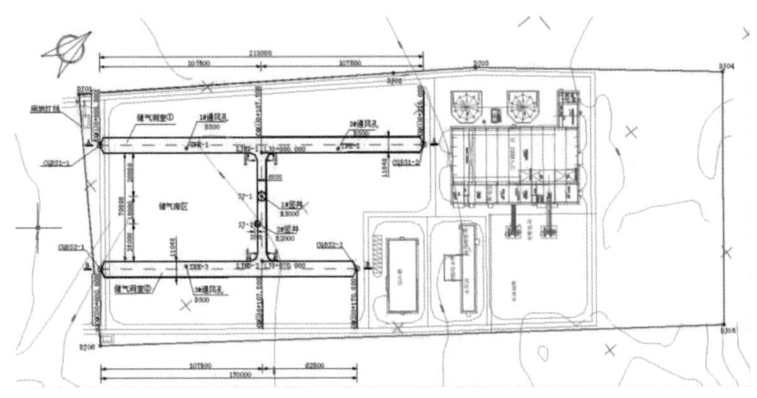

图5.2-2 储气洞库布置示意

储气硐室密封系统采用强度较高及耐久性较好的钢衬（07MnMoVR高强钢板）作为密封材料，钢衬厚20mm。

5.2.1.2 工程地质概况

根据勘测成果并结合现场工程地质调查，场地内揭露的地层主要为第四系覆盖层、第三系中新统（N1）汉诺坝组玄武岩和第三系砂夹砾石层及第三系红层。

场区地形平坦，覆盖层厚，根据钻孔揭露和钻孔数字成像的成果来看，未发现大的断裂构造发育，节理不发育，岩体中主要分布少量水平状夹层，一般厚10~30cm，局部厚达50cm，岩石成分主要为灰黑色玄武岩，有蚀变及泥化现象，岩石强度低。岩体中不发育，局部见少量中陡倾角的节理，面平直，闭合状，附黑色膜。张北县综合能源项目储气库建造工程项目钻孔数字成像成果分析表明：岩体中节理裂隙不发育，钻孔岩心破碎主要受玄武岩气孔状构造影响。

5.2.1.3 储气库布置

河北省张家口市张北县综合能源项目储气库库址西北侧为安固里河，与库区最小直线距离200m。项目区属于坝上平原，覆盖层下部为玄武岩和红层。该项目储气硐室储气容积为3万m^3，为满足储气要求，净断面直径10m的圆形硐室轴线长度需385m，储气库区规划用地范围长边长为220m，短边长为150m。

5.2.2 大同

5.2.2.1 概况

大同启迪云冈50MW压缩空气储能项目位于山西省大同市西郊，距城区18km。井田边界东与晋华宫矿、大同市吴官屯矿及云冈石窟保护煤柱相邻，北部与北郊小煤窑区相接，西与姜家湾矿、大同市社队区相邻，南与煤峪口矿、忻州窑矿相邻。井田南北长13.1km，东西宽5.75km，面积59.75km^2。

本区为一丘陵地带、地表沟谷较发育、十里河由西向东横穿井田中部。十里河以北分水岭位于甘庄，十里河以南分水岭位于荣华皂。

云冈矿的交通位置方便。燕同铁路支线和同左公路都沿十里河谷通过本矿，云冈矿至大同的运距为22km。燕同铁路支线在大同站北接京包线、南连北同蒲线、东去大秦线可通各地。区内各村庄之间均有简易公路相通。

云冈矿1973年开始投入生产，现南翼划分8个盘区，北翼划分13个盘区，目前煤矿在开采上部3个煤层，2个煤层准备开采。第一层已开采面积占煤层分布的80%以上。项目拟利用云冈煤矿停用的北部煤田巷道，巷道地下深度300m。启迪清洁能源有限责任公司拟采用清华大学压缩空气储能技术，计划建设并运行云岗井田50MW压缩空气储能项目，大同启迪云冈50MW压缩空气储能项目效果见图5.2-3。晚上压缩过程利用低谷电连续压缩空气运行8h，白天压缩机停止运行；白天膨胀机发电过程连续运行 4h 后停止运行。发电年利用小时数约为 1328h。

本项目利用废弃煤矿巷道改建，可以节约成本及占地，具有较好的投资回报，起到“削峰填谷”的作用，促进山西省电力系统的经济运行。我国当前电力行业的可持续发展面临资源、环境的严峻挑战，“非补燃压缩空气储能系统”若能得以推广，恰为应对此类挑战提供了有效的解决方案。

图 5. 2-3　大同启迪云冈 50MW 压缩空气储能项目效果

5. 2. 2. 2　设计特点

1）本工程建设 1 套 50MW×4h 无补燃压缩空气储能发电系统，压缩空气存储于煤矿巷道，容积 8 万立方米。利用夜间谷电连续压缩运行 8h，白天连续发电 4h。

2）本工程安装 4 台离心式空气压缩机（4 级压缩）、1 台 50MW 空气透平及配套的油气换热器、汽水换热器、储水罐、储油罐等设备。

3）本工程根据热力系统，主辅机布置主要划分为若干功能区域，压缩机房、透平机房、油气换热区域、储水罐区域、储油罐区域等。

4）压缩机房采用钢结构，4 台压缩机横向布置于压缩机房，采用岛式布置方案。

5）透平机房采用钢结构，空气透平纵向布置于透平机房，采用岛式布置方案。

6）油气换热器区域设置于独立的厂房内，位于压缩机房和透平机房之间。

7）空压机及氮气房位于储水罐区域，独立设置。

8）储油罐区域独立设置，含热油罐、冷油罐、导热油泵、退油罐等设备。

9）辅机冷却水系统采用开式冷却的方式。

10）本项目电换电试验效率可达58%以上。

5.2.2.3 巷道储气装置

巷道容积为 8 万 m^3，位于地下约 300m，操作压力范围为 84~90bar，通过关断阀控制巷道空气的注入和释放。

（1）改造位置

1030 北大巷及 980 皮带巷均从姜家湾井田北侧（纬距：4445775）到北翼风井（纬距：4449325）近 3500m 的空间进行压气储能地下洞库的改造，改造位置平剖面图如图 5.2-4 所示。

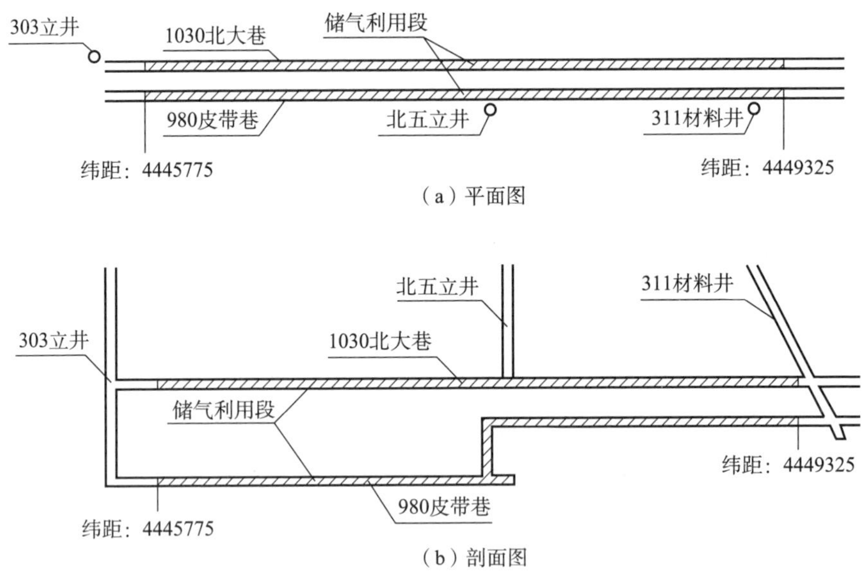

图 5.2-4　改造位置平剖面图

（2）改造方案一

加固措施为对1030北大巷及980皮带巷施作350mm厚的钢筋混凝土衬砌层，并在衬砌内侧施作3mm厚的密封层，巷道横断面图如图5.2-5所示；端头封堵在姜家湾井田北侧（纬距：4445775）位置向北50m空间、北翼风井（纬距：4449325）位置向南50m空间及北五立井稳定岩层施作50m长的齿状封堵端头，50m长齿状堵头如图5.2-6所示。

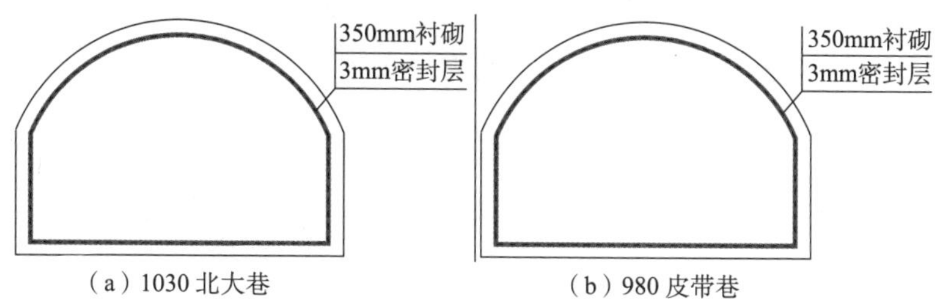

（a）1030北大巷　　（b）980皮带巷

图5.2-5　巷道横断面图

图5.2-6　50m长齿状堵头

由于在巷道内施加350mm的衬砌进行加固，同时在两端设置了50m的封堵端头，使得巷道净空及巷道长度均有减小，建成容量见表5.2-1。

表5.2-1　建成容量

巷道名称	建成容量/m^3	备注
1030北大巷	26392.5	净面积7.65m^2，长度3450m，巷道规则
980皮带巷	27922.5	净面积7.65m^2，长度3650m，巷道中部有较大跃升
合计	54315	

施工步骤依次为：清理现有井巷、施筑混凝土衬砌、施工密封层、施工堵头、施工堵头密封及封堵门，施工步骤如图 5.2-7 所示。980 皮带巷首先从跃升的部位开始施筑混凝土衬砌，1030 北大巷从北五立井与姜家湾井田北侧及北翼风井的中部开始施筑混凝土衬砌；然后依据混凝土施筑顺序施工密封层；再进行 50m 长的端头封堵施工；最后施工堵头密封及封堵门。其中，压气主风管从北五立井进入，布好管后封堵密封。南侧 303 立井作为施工时材料、人员出入的主运输通道。并对北侧通风斜井进行改造，作为施工材料、人员出入的辅助运输通道，并作为运营时检验通道，设封堵密封门。

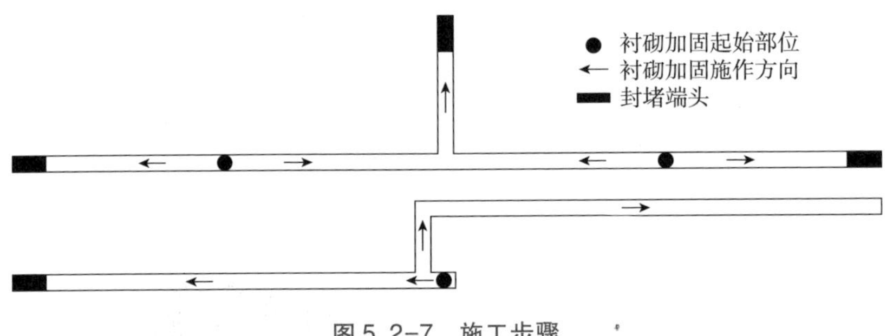

图 5.2-7　施工步骤

（3）改造方案二

改造方案二为扩成圆形巷道。由于在既有巷道围岩内做 350mm 厚的衬砌层，会使得储气空间大为减少，现设计将既有巷道扩挖为直径 4.8m 的圆形硐室（为现在巷道的外接圆），这样使得储气空间提升近一倍，圆形改造方案如图 5.2-8 所示。圆形巷道的改造除了建成容量、物料需要量及工程量与既有巷道直接施筑衬砌的方案不同外，其余改造均相同。圆形巷道建成容量见表 5.2-2。

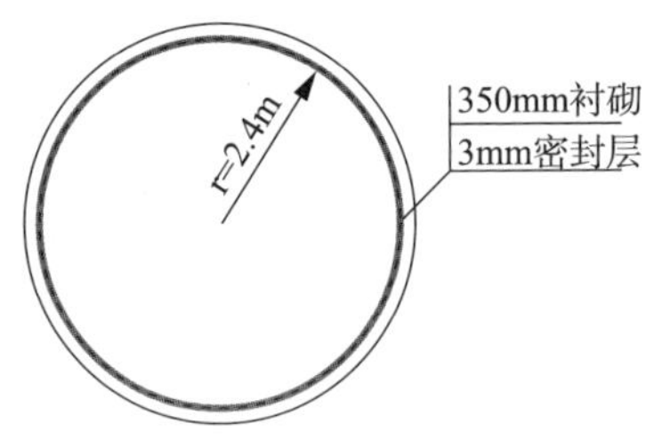

图 5.2-8　圆形改造方案

表 5.2-2 圆形巷道建成容量

巷道名称	建成容量/m^3	备注
1030 北大巷	45540	净面积 13.2m^2，长度 3450m，巷道规则
980 皮带巷	48180	净面积 13.2m^2，长度 3650m，巷道中部有较大跃升
合计	93720	

（4）改造方案比选

改造方案经济安全指标对比见表 5.2-3，根据对比，改造方案二的圆形巷道方案单位容量造价较改造方案一低 20%左右，并且建成后容量大、安全性好、受力均衡性高。因此，推荐采用改造方案二（圆形巷道）。

表 5.2-3 改造方案经济安全指标对比

项目	改造方案一	改造方案二
投资规模/万元	6700~6900	9900~10100
容量/万 m^3	5.34	9.37
单位容量造价/（元/m^3）	1255~1292	1056~1077
抗压稳定性	较高	高
压力均衡性	较好	非常好

5.2.3 泰安

2022 年 1 月，山东国惠直属企业鲁银投资集团股份有限公司与中能建数字科技有限公司签署战略合作协议，双方合作在泰安市大汶口盆地建设 4×300MW 盐穴压缩空气储能电站，项目一期 2×300MW 投资 38 亿元。项目拟采用中国能建自主研发的压缩空气储能核心技术，国内压缩机、空气透平等系列装备的开发及应用，实现关键核心技术的突破和系统设备的 100%国产化。

通过项目的实施，泰安市构建以抽水蓄能、盐穴压缩空气储能为支撑，电化学储能、制氢储能、储热为辅的多元储能系统，打造服务全省电网的调峰填谷、新能源消纳、电力安全保障等高地。

5.2.4 应城

2021年12月29日至30日可研审查，2022年2月11日项目签约，2022年7月26日开工。中国能建第一个开工建设项目是300兆瓦级压缩空气储能示范工程，采用的是300兆瓦级压缩空气储能技术，设计转换效率70%，单位造价预测6000元/kW，项目一期投资40亿元，工程建成后，预计年发电量可达5亿kWh，将有力推动应城产业转型升级，绿色经济发展和建设中国中部储能基地，在湖北新型电力系统建设中发挥重要作用。

该项目在湖北省、孝感市、应城市人民政府和相关单位的支持下建设，是中国能建围绕“30·60”系统解决方案“一个中心”和储能、氢能“两个基本点”，全面融入“三大经济形态”，打造“新能源、新基建、新能建”的重要实践。

参与单位还包括中科院武汉岩土力学研究所（地下科研团队）、数科集团（地面研发团队）、中南院（钻井科研团队），哈电集团、东方电气、上海电气、沈鼓集团、陕鼓集团等产业链协同方。

5.2.5 乌兰察布

乌兰察布“源网荷储一体化”源蓄热式压缩空气能量枢纽工程规划压缩空气储能容量10MW×4h，槽式光热储能3MW×10h，同步建设压缩机系统、透平机发电系统、槽式光热储能系统、压缩机冷却系统、透平机加热系统、地面储气库系统等。空气压缩机采用两段式压缩流程，空气透平机采用四级膨胀，进气参数为9.8MPa、230℃，项目采用地上5000m^3双层钢制储气库地上布置方案。乌兰察布蓄热式压缩空气能量储能项目示意见图5.2-9。

图 5.2-9 乌兰察布蓄热式压缩空气能量储能项目示意

5.2.6 岳阳

项目位于湖南省岳阳市岳阳县公田镇大云山附近，距离岳阳市区约 40km。

根据湖南省“十四五”风电规划情况，区域新能源开发潜力：风电项目装机规模 150MW，光伏装机容量 1000MW，新能源资源总量为 1150MW。

项目地层岩性为燕山晚期二长花岗岩，硐室稳定性较好，具备建造压缩空气储能气库的工程地质条件。山体雄厚，满足地下储气库布置的纵向与侧向埋深要求；山体间有缓地，满足地面设施的布置条件；且已核实无外部环境制约因素。

项目周边路网较为完善，交通较为便利。供水、供电、材料市场可满足项目需要，具备大型汽车及机械设备的大中修能力。

本压缩空气储能系统需要接入 500kV 变电站，文理变电站距离岳阳县首推大云山站点仅 15km，满足接入需要。

岳阳站点规划装机规模为 300MW，运行采用压缩 8h，发电 5h，匡算工程总投资约 23 亿元。

5.2.7 随县

项目位于湖北省随州市随县西北部联丰村前塆附近，距随县县城约 40km。

梳理随县已建风电场，区域内新能源开发潜力：风电含核准待建总装机容量为1003MW，拟新增规划部分风电项目总装机容量520MW；根据湖北省光资源条件，初步策划随县光伏项目装机约500MW。

项目处于燕山晚期侵入的花岗岩体内，硐室稳定性较好，具备建造压缩空气储能气库的工程地质条件。山体雄厚，满足地下储气库布置的纵向与侧向埋深要求，山体南侧有一处台地，满足地面设施的布置条件。

项目周边路网较为完善，交通较为便利。供水、供电、材料市场可满足项目需要，具备大型汽车及机械设备的大中修能力。

本压缩空气储能电站需接入220kV变电站，初步了解，距随县历山变电站26km、距伏季梁变电站30km，均可满足系统接入需求。

随县站点装机规模为300MW，运行采用压缩8h，发电4h。地下储气库采用直径10m圆形断面，4条1000m长储气巷道，施工巷道及连接巷道长约700m，拟采用6m×5.5m（宽×高）直墙圆拱形断面。匡算工程总投资约21亿元。

标准体系

压缩空气储能技术经过2014年至今的示范发展，已有芜湖、毕节、肥城、金坛、张北5个示范项目投产运行。在以上技术积累的基础上，发布了《压缩空气储能系统集气装置工程设计规范》《压缩空气储能系统性能测试规范》《压缩空气储能电站接入电网技术规范》《压缩空气储能电站标识系统（KKS）编码导则》等8项团体标准。压缩空气储能领域在编国家标准1项，为《电力储能用压缩空气储能系统技术要求》。行业标准8项，包括《压缩空气储能电站运行维护规程》等；适用于压缩空气储能电站的行业标准1项，为《储能电站技术监督导则》，具体见表6-1。

表6-1 压缩空气储能系统规范

序号	标准名称	编号	发布部门	备注
1	压缩空气储能系统集气装置工程设计规范	T/CNESA 1201—2018	中关村储能产业技术联盟	团标现行
2	压缩空气储能系统集气装置技术要求	T/ZSA 51—2018	中关村标准化协会	团标现行
3	压缩空气储能系统集气装置工程设计规范	T/CERS 0004—2018	中国能源研究会	团标现行
4	储能设备和系统接入电网测试标准	Q/GDW 10676—2016	中国电力科学研究院	团标现行
5	压缩空气储能电站标识系统（KKS）编码导则	T/CES 061—2021	中国电工技术学会	团标现行
6	压缩空气储能电站接入电网技术规范	T/CES 078—2021	中国电工技术学会	团标现行
7	压缩空气储能系统性能测试规范	T/CNESA 1203—2021	中关村储能产业技术联盟	团标现行
8	压缩空气储能系统性能测试规范	T/CERS 0013—2020	中国能源研究会	团标现行
9	电力储能用压缩空气储能系统技术要求	20212967-T-524	国标委	国标在编

续表

序号	标准名称	编号	发布部门	备注
10	压缩空气储能电站运行维护规程	能源 20210354	国家能源局	行标在编
11	储能电站技术监督导则	能源 20210351	国家能源局	行标在编
12	压缩空气储能电站工程地质勘察规范	能源 20220418	国家能源局	行标在编
13	压缩空气储能电站地下高压储气库设计规范	能源 20220419	国家能源局	行标在编
14	压缩空气储能电站设计规范	能源 20230261	国家能源局	行标在编
15	压缩空气储能电站效率指标计算方法	能源 20230480	国家能源局	行标在编
16	压缩空气储能电站经济评价导则	能源 20230482	国家能源局	行标在编
17	压缩空气储能电站可行性研究报告编制规程	能源 20230486	国家能源局	行标在编
18	压缩空气储能电站初步设计报告编制规程	能源 20230487	国家能源局	行标在编

为充分发挥标准引领作用，全国电力储能标委会印发《2022 年电力储能标准体系》，加快建立涵盖项目全生命周期的标准体系，指导相关技术标准制定工作。电力储能标准类别主要有基础通用、规划设计、施工及验收、运行维护、检修、设备及试验、安全环保、技术管理 8 类，压缩空气储能作为物理储能的重要组成部分，体系中提出《压缩储能电站设计导则》《压缩空气储能电站可行性研究报告编制规程》《压缩空气储能电站初步设计报告编制规程》《压缩空气储能电站机组启动验收规程》等拟编标准。

2023 年国家标准化管理委员会、国家能源局印发《新型储能标准体系建设指南》，按新型储能电站的建设逻辑，综合不同功能要求、产品和技术类型、各子系统间的关联性，将新型储能标准体系框架分为基础通用、规划设计、设备试验、施工验收、并网运行、检修监测、运行维护、安全应急 8 个方面。

考虑到压缩空气储能在技术方面的特殊性和复杂性，其储能系统和储气系统相对独立，研究压缩空气储能独立的标准体系也是必要的。储能系统主要包含压缩机、储/换/补热设备、膨胀机和测控系统等主要设备系统，储气系统包含地面储罐或地下储气库。尤其是地面储罐和地下储气库两种形式，其核心技术和标准内容完全不同，建议在体系中有所区分。

为推动压缩空气储能电站向规模化、产业化、市场化方向高质量发展，初步研究建立了压缩空气储能标准体系，见表 6-2。

表 6-2 压缩空气储能标准体系

序号	专业类别	编制状态	标准名称	标准层级	标准类别	主要技术内容及适用范围
1	基础通用	拟编	压缩空气储能电站等级划分及设计安全标准	行业标准	工程建设	根据压缩空气储能电站的容量、储气库的压力参数、储能和放能的功率等内容划分储能电站规模等级、安全等级及安全标准
2	基础通用	拟编	压缩空气储能电站标识系统编码导则	行业标准	基础标准	本标准规定了压缩空气储能电站标识系统编码的基本要求、工艺相关标识、安装点标识、位置标识以及标注要求； 本标准适用于压缩空气储能电站的工程设计、施工和运行维护
3	基础通用	团体标准 T/CES 061—2021	压缩空气储能电站标识系统（KKS）编码导则	团体标准	基础标准	本标准适用于非补燃式和补燃式压缩空气储能电站工程设计、设备制造、施工、安装调试和运行维护等阶段的标识系统编码； 本标准规定了非补燃式和补燃式压缩空气储能电站标识系统编码的基本原则和方法
4	基础通用	拟编	压缩空气储能电站工程信息模型应用规范	行业标准	基础标准	本标准适用于压缩空气领域的建筑工程施工信息模型的创建、使用和管理
5	规划设计	在编 能源 20230486	压缩空气储能电站可行性研究报告编制规程	行业标准	工程建设	本标准适用于压缩空气储能电站项目可行性研究报告编制； 本标准规定了压缩空气储能电站项目可行性报告的编制原则、工作内容和深度。主要技术内容包括总则、术语、基本规定、工程地质、工程规模、设备选型布置、电气、设计概算、财务评价、性能评价方法与社会效果分析等
6	规划设计	在编 能源 20230487	压缩空气储能电站初步设计报告编制规程	行业标准	工程建设	本标准适用于压缩空气储能电站项目初步设计报告的编制； 本标准规定了压缩空气储能电站项目初步设计报告的编制原则、工作内容和深度。主要技术内容：总则、术语、基本规定、工程地质、工程规模、储气库枢纽设计、设备选型布置、电气、设计概算、财务评价、性能评价方法与社会效果分析等
7	规划设计	在编 能源 20220418	压缩空气储能电站工程地质勘察规范	行业标准	工程建设	本标准适用于利用地下空间压缩空气储能电站的工程地质勘察工作。本标准规定了压缩空气储能电站的工程地质勘察选址勘察、初步勘察、详细勘察、施工图勘察和施工地质等

续表

序号	专业类别		编制状态	标准名称	标准层级	标准类别	主要技术内容及适用范围
8	规划设计		拟编	压缩空气储能电站选址选型规范	行业标准	工程建设	本标准适用于大中型压气蓄能电站的选址选型规划编制工作； 主要技术内容包括建设必要性、压气蓄能电站类型、压气蓄能电站选址电网规划原则、高压储气装置选型及工程地质要求、工程布置、机电和施工、投资估算及技术经济比选、选址规划报告编写等
9	规划设计		在编 能源 20230261	压缩空气储能电站设计规范	行业标准	工程建设	本标准适用于新建、扩建或改建的压缩空气储能电站； 主要技术内容包括站址选择、站区规划和总平面布置、工艺系统、电气一次、系统及电气二次、土建、采暖通风与空气调节、给排水、消防、环境保护和水土保持、劳动安全和职业卫生等
10	规划设计		团体标准 T/CES 078—2021	压缩空气储能电站接入电网技术规范	行业标准	工程建设	本文件适用于 10MW 及以上的压缩空气储能电站发电机和 110（66）kV 及以上压缩空气储能电站，其他容量及电压等级并网的压缩空气储能电站可参照执行； 本文件规定了压缩空气储能电站接入电网技术，包括压缩空气系统技术规范、发电与控制系统技术规范以及网源协调技术规范
11	规划设计	储能系统	在编 20212967-T-524	电力储能用压缩空气储能系统技术要求	国家标准	工程建设	适用于额定功率 100kW 及以上且储能时间不低于 15 分钟的压缩空气储能电站，其他功率等级及储能时间的压缩空气储能电站可参照执行； 主要技术内容包括储气装置技术要求，压缩机及系统技术要求，膨胀机及系统技术要求，储/换/补热设备及系统技术要求，测控系统技术要求
12	规划设计	储能系统	拟编	压缩空气储能电站工艺流程设计规范	行业标准	工程建设	本标准适用于非补燃压缩空气储能电站用压缩系统—膨胀系统，储换热系统的设计； 主要技术内容包括设计参数选取、系统设计原则、厂房布置要求、相关计算、辅助设施、工艺对电气设计要求以及连锁和保护等

续表

序号	专业类别		编制状态	标准名称	标准层级	标准类别	主要技术内容及适用范围
13	规划设计	储能系统	在编 能源 20230261	压缩空气储能电站电气设计规范	行业标准	工程建设	本标准规定了压缩空气储能电站电气设计的原则； 主要内容包括主接线、站用电、设备选择、防雷接地、保护、直流及不间断电源、系统通信及远动等
14			拟编	压缩空气储能电站仪表与控制设计规程	行业标准	工程建设	主要技术内容包括控制方式，控制室，控制系统，仪表与控制设备选择，控制电源和气源，仪表安装及电缆，主要工艺系统及设备检测项目
15		储气系统	团体标准 T/ZSA 51—2018	压缩空气储能系统集气装置技术要求	行业标准	工程建设	本标准规定了压缩空气储能系统集气装置的位置选择、工艺、设计、防腐及试压等规范； 本标准适用于压缩空气储能系统新建、扩建或改建集气装置的工程设计，不适用于地下洞穴储气方式
16			在编 能源 20220419	压缩空气储能电站地下高压储气库设计规范	行业标准	工程建设	本规范适用于新建、扩建或改建的补燃和非补燃型压缩空气储能电站地下高压储气库项目的设计； 主要技术内容包括：总则、术语、气象、动能规划设计、工程地质勘查、工程总布置、地下高压储气库设计、施工组织设计、建设征地和移民安置、采暖、通风与空气调节、消防、环境保护和水土保持、劳动安全和职业卫生、经济评价
17			拟编	压缩空气储能电站地下高压储气库安全监测设计规范	行业标准	工程建设	本规范适用于利用地下空间压气储能电站的工程安全监测工作； 主要技术内容包括总则、术语与符号、基本规定、输气系统监测、储气系统安全监测、堵头及密封门监测、储气库系统湿度和温度及漏气性能监测

续表

序号	专业类别		编制状态	标准名称	标准层级	标准类别	主要技术内容及适用范围
18			拟编	压缩空气储能电站施工图设计报告编制规程	团体标准	工程建设	压缩空气储能电站项目施工图设计报告的编制原则、工作内容和深度，包括总则、术语、基本规定、工程地质、工程规模、储气库枢纽设计、设备选型布置、电气、设计概算、财务评价、性能评价方法与社会效果分析等
19		储能系统	拟编	压缩空气储能电站设备安装与调试规程	行业标准	工程建设	本文件适用于新建、扩建或改建的压缩空气储能电站设备安装与调试工作
20			拟编	地下高压储气库施工验收规范	行业标准	工程建设	本规范对储气库的建造提出了精度要求，强调了进厂材料的质量控制； 本规范包括总则、术语和符号、材料、基础检查验收、混凝土浇筑和检验、密封结构安装和检验、连接、密封材料检验、总调试及气密性试验、竣工验收等
21	施工及验收	储气系统	团体标准 T/CERS 0013—2020	压缩空气储能系统性能测试规范	行业标准	工程建设	本文件适用于压缩空气储能系统的性能测试与评估； 本文件规定了压缩空气储能系统的总则、测试条件、测量仪器设备、储/释能测试步骤、测试项目及方法和测试报告要求
22			2021 年立项	储能电站技术监督导则	行业标准	工程建设	本文件适用于锂离子电池、铅酸电池、液流电池、燃料电池、压缩空气、飞轮、超级电容等储能电站的技术监督； 主要技术内容包括技术监督项目、监督方法及监督管理等
23			在编 能源 20210351	压缩空气储能电站验收规程	行业标准	工程建设	本文件适用于新建、扩建或改建的压缩空气储能电站的工程验收工作； 主要技术内容包括验收应具备的条件，验收报告，验收工作内容，验收程序，验收成果等

续表

序号	专业类别		编制状态	标准名称	标准层级	标准类别	主要技术内容及适用范围
24	设备	储能系统	拟编	压缩空气储能电站压缩机设备技术条件	行业标准	设备	本标准适用于压缩空气储能电站用空气压缩机，用于指导需方采购压缩机设备并保证质量和性能达到先进水平； 主要内容包括工况定义、保证值、技术要求、辅助设备、检查试验、包装运输等
25	设备	储能系统	拟编	压缩空气储能电站膨胀机设备技术规范	行业标准	设备	本标准适用于压缩空气储能电站用空气透平，用于指导需方采购透平设备并保证质量和性能达到先进水平； 主要技术内容包括规范性引用文件、工况定义、保证值、运行维护调节、部件、附属系统、仪表、保护、振动、噪声、检验试验、供货安装等
26	设备	储能系统	拟编	压缩空气储能电站储/换/补热设备技术规范	行业标准	设备	本标准适用于压缩空气储能电站辅机换热设备的选型设计； 主要技术内容包括设备主要参数选择、技术要求、材料、安全防护、测点设置、性能保证等
27	运行维护		在编 能源 20210354	压缩空气储能电站运行维护规程	行业标准	工程建设	本文件适用于额定功率 100kW 及以上且储能时间不低于 30 分钟的压缩空气储能电站，其他功率等级及储能时间的压缩空气储能电站可参照执行； 主要技术内容包括正常运行、异常运行与故障处理、维护规定等
28	技术经济		拟编	压缩空气储能电站投资编制导则	行业标准	管理	本标准主要适用于压缩空气储能电站投资文件编制； 主要技术内容包括投资文件编制原则、编制依据、项目划分、投资编制方法及投资文件的组成等
29	技术经济		在编 能源 20230482	压缩空气储能电站经济评价导则	行业标准	管理	本标准主要适用于压缩空气储能电站项目经济评价； 主要技术内容包括财务评价、国民经济评价、不确定性分析与风险分析、技术方案经济比选、改扩建项目财务评价等

应用及发展

7.1 新型储能政策及分析

7.1.1 新型储能政策

2021 年 7 月，国家发展改革委、国家能源局联合发布《关于加快推动新型储能发展的指导意见》，到 2025 年，新型储能装机规模达 3000 万 kW 以上。2022 年 3 月，《“十四五”新型储能发展实施方案》进一步明确发展目标和细化重点任务。为加快推进新型储能规模化应用，推动新型储能快速发展，全国多个省份陆续提出了“十四五”新型储能装机目标。各地区“十四五”新型储能装机目标见表 7.1-1。

表 7.1-1 各地区“十四五”新型储能装机目标

地区	装机规模/万 kW
浙江	350
内蒙古	500
河南	220
青海	600
甘肃	600
河南	220
河北	450
广东	200
安徽	300
广西	200

续表

地区	装机规模/万 kW
山东	450
湖北	200
天津	50

注：以上数据来自各地区“十四五”能源发展规划

由以上国家和各省市、地区制定的有关新型储能发展政策可以看出，新型储能是未来我国实现双碳目标的重要支撑，是新能源与储能发展的重要方向。其中，压缩空气储能在新型储能中扮演着重要角色，是迫切需要技术突破、产业化和规模化发展的储能系统。

2017—2020 年，电网响应国家发展改革委、国家能源局降低弃风弃光率的决策，充分利用电力体系的灵活性资源消纳新能源，使得弃风弃光率下降到 2%左右。同时电网侧压力凸显，部分省份要求电源侧配置储能。根据政策规划要求，2025 年我国新型储能将处于规模化发展阶段，到 2030 年达全面市场化发展阶段。2021—2022 年，储能行业的重磅文件陆续发布，储能迎来历史性发展机遇。国家层面储能政策汇总见表 7. 1-2。

表 7. 1-2　国家层面储能政策汇总

日期	颁发部门	文件名称	核心内容
2021 年 12 月	国务院 国资委	《关于推进中央企业高质量发展做好碳达峰碳中和工作的指导意见》	支持企业探索利用退役火电机组的既有厂址和相关设施建设新型储能设施。推动高安全、低成本、高可靠、长寿命的新型储能技术研发和规模化应用
2021 年 12 月	国家能源局	《电力辅助服务管理办法》	将电化学储能、压缩空气储能、飞轮等新型储能纳入并网主体管理。鼓励新型储能、可调节负荷等并网主体参与电力辅助服务
2021 年 12 月	工业和 信息化部	《“十四五”工业绿色发展规划》	鼓励工厂、园区开展工业绿色低碳微电网建设，发展屋顶光伏、分散式风电、多元储能、高效热泵等，推进多能高效互补利用
2021 年 10 月	国务院	《2030 年前碳达峰行动方案》	积极发展“新能源+储能”、源网荷储一体化和多能互补，支持分布式新能源合理配置储能系统。加快新型储能示范推广应用

续表

日期	颁发部门	文件名称	核心内容
2021 年 10 月	国务院	《关于完整准确全面贯彻新发展理念做好碳达峰碳中和工作的意见》	加快推进抽水蓄能和新型储能规模化应用。加快形成以储能和调峰能力为基础支撑的新增电力装机发展机制。加强电化学、压缩空气等新型储能技术攻关、示范和产业化应用
2021 年 9 月	国家能源局	《新型储能项目管理规范（暂行）》	新型储能项目管理坚持安全第一、规范管理、积极稳妥原则，包括规划布局、备案要求、项目建设、并网接入、调度运行、监测监督等环节管理
2021 年 8 月	国家发展改革委、国家能源局	《关于鼓励可再生能源发电企业自建或购买调峰能力增加并网规模的通知》	为鼓励发电企业市场化参与调峰资源建设，超过电网企业保障性并网以外的规模初期按照功率 15% 的挂钩比例（时长 4 小时以上，下同）配建调峰能力，按照 20% 以上挂钩比例进行配建的优先并网
2021 年 8 月	国家发展改革委、国家能源局	《关于加快推动新型储能发展的指导意见》	明确 2025 年 30GW 的发展目标，未来五年将实现新型储能从商业化初期向规模化转变，到 2030 年实现新型储能全面市场化发展，鼓励储能多元发展，进一步完善储能价格回收机制，支持共享储能发展
2021 年 5 月	国家发展改革委	《关于“十四五”时期深化价格机制改革行动方案的通知》	持续深化燃煤发电、燃气发电、水电、核电等上网电价市场化改革，完善风电、光伏发电、抽水蓄能价格形成机制，建立新型储能价格机制
2021 年 3 月		《中华人民共和国国民经济和社会发展第十四个五年规划和 2035 年远景目标纲要》	提高电力系统互补互济和智能调节能力，加强源网荷储衔接，提升清洁能源消纳和存储能力，提升向边远地区输配电能力，推进煤电灵活性改造，加快抽水蓄能电站建设和新型储能技术规模化应用
2021 年 3 月	国家发展改革委、国家能源局	《关于推进电力源网荷储一体化和多能互补发展的指导意见》	主要通过完善市场化电价机制，调动市场主体积极性，引导电源侧、电网侧、负荷侧和独立储能等主动作为、合理布局、优化运行，实现科学健康发展
2022 年 6 月	国家发展改革委、国家能源局	《“十四五”可再生能源发展规划》	推动其他新型储能规模化应用。明确新型储能独立市场主体地位，完善储能参与各类电力市场的交易机制和技术标准，发挥储能调峰调频、应急备用、容量支撑等多元功能，促进储能在电源侧、电网侧和用户侧多场景应用

续表

日期	颁发部门	文件名称	核心内容
2022 年 5 月	国家发展改革委、国家能源局	《关于进一步推动新型储能参与电力市场和调度运用的通知》	新型储能可作为独立储能参与电力市场。具备独立计量、控制等技术条件，接入调度自动化系统可被电网监控和调度，符合相关标准规范和电力市场运营机构等有关方面要求，具有法人资格的新型储能项目，可转为独立储能，作为独立主体参与电力市场。鼓励以配建形式存在的新型储能项目，通过技术改造满足同等技术条件和安全标准时，可选择转为独立储能项目
2022 年 5 月	国家发展改革委、国家能源局	《关于促进新时代新能源高质量发展的实施方案》	研究储能成本回收机制，推动新型储能快速发展
2022 年 4 月	国家发展改革委	《电力可靠性管理办法（暂行）》	积极稳妥推动发电侧、电网侧和用户侧储能建设，合理确定建设规模，加强安全管理，推进源网荷储一体化和多能互补。建立新型储能建设需求发布机制，充分考虑系统各类灵活性调节资源的性能，允许各类储能设施参与系统运行，增强电力系统的综合调节能力
2022 年 4 月	国家发展改革委	《完善储能成本补偿机制，助力构建以新能源为主体的新型电力系统》	聚焦储能行业面临的成本疏导不畅等共性问题，综合考虑各类储能技术应用特点、在新型电力系统中的功能作用和提供的服务是否具有公共品属性等因素，研究提出与各类储能技术相适应，且能够体现其价值和经济学属性的成本疏导机制，为促进储能行业发展创造良好的政策环境，从而引导提升社会主动投资意愿
2022 年 4 月	国家能源局、科学技术部	《“十四五”能源领域科技创新规划》	发布了先进可再生能源发电及综合利用技术、新型电力系统及其支撑技术、能源系统数字化智能化技术等五大技术路线图。其中在新型电力系统技术路线图中，也公布了储能技术路线图
2022 年 3 月	国家能源局	《2022 年能源工作指导意见》	落实“十四五”新型储能发展实施方案，跟踪评估首批科技创新（储能）试点示范项目，围绕不同技术、应用场景和重点区域实施试点示范，研究建立大型风电光伏基地配套储能建设运行机制

续表

日期	颁发部门	文件名称	核心内容
2022 年 3 月	国家发展改革委、国家能源局	《“十四五”现代能源体系规划》	加快新型储能技术规模化应用。大力推进电源侧储能发展，合理配置储能规模，改善新能源场站出力特性，支持分布式新能源合理配置储能系统。优化布局电网侧储能，发挥储能消纳新能源、削峰填谷、增强电网稳定性和应急供电等多重作用
2022 年 3 月	国家发展改革委、国家能源局	《“十四五”新型储能发展实施方案》	新型储能发展目标，到 2025 年，新型储能由商业化初期步入规模化发展阶段，具备大规模商业化应用条件。电化学储能技术性能进一步提升，系统成本降低 30%以上。到 2030 年，新型储能全面市场化发展
2022 年 2 月	国家发展改革委、国家能源局	《关于完善能源绿色低碳转型体制机制和政策措施的意见》	支持储能和负荷聚合商等新兴市场主体独立参与电力交易。完善支持储能应用的电价政策。发挥太阳能热发电的调节作用，开展废弃矿井改造储能等新型储能项目研究示范，逐步扩大新型储能应用

我国已有不少省份出台了新能源配储相关发展政策，不断加大对储能产业的支持力度。2021—2022 年各地区新型储能政策汇总见表 7. 1-3。

表 7. 1-3　2021—2022 年各地区新型储能政策汇总

日期	地区	文件名称	核心内容
2021 年 10 月	北京市	《关于加快推进韧性城市建设的指导意见》	统筹输入能源和自产能源，完善应急电源、热源调度和热、电、气联调联供机制，采用新型储能技术建立安全可靠的多层次分布式储能系统，提高能源安全保障能力
2022 年 4 月	北京市	《北京市“十四五”时期能源发展规划》	鼓励支持先进电化学储能、大规模压缩空气储能等高效率、长寿命、低成本储能技术研发，推动实现新型储能从商业化初期向规模化发展转变。在确保满足消防等安全标准前提下，积极拓展新型储能技术与智能微网规划大数据中心、充电设施、工业园区等融合应用新场景
2022 年 3 月	天津市	《天津市加快建立健全绿色低碳循环发展经济体系的实施方案》	推动储能技术应用，提升电网消纳、调峰能力

续表

日期	地区	文件名称	核心内容
2021年8月	天津市	《天津市科技创新“十四五”规划》	研发新型正负极等储能电池关键材料，研究高安全、长寿命、低成本、规模化的先进储能技术，研究大规模储能系统集成技术、储能电池容量衰退关键
2022年1月	河北省	《河北省制造业高质量发展“十四五”规划》	锚定碳达峰、碳中和目标实现，推进储能装备产业化及前沿技术布局，提高电力系统调节能力、提升清洁能源消纳和存储能力，加快推动承德钒储能示范应用
2022年4月	河北省	《河北省“十四五”新型储能发展规划》	加快新型储能技术示范应用。推动多时间尺度新型储能试点示范。加大压缩空气储能、大容量蓄电池储能、飞轮储能、超级电容器储能等技术研发力度，积极探索商业化发展模式，逐步降低储能成本，开展规模化储能试点示范
2022年6月	河北省	《独立储能布局指导方案》 《全省电源侧共享储能布局指导方案（暂行）》	全省“十四五”期间电网侧独立储能总体需求规模约1700万千瓦，其中冀北电网需求900万千瓦，河北南网需求800万千瓦。自2021年以来，已批复明确要求配套储能的新能源项目装机规模约5000万千瓦，配套储能总规模约700万千瓦。考虑到土地、并网、投资、运行等因素，按照集约化、共享化原则，通过统筹设计、科学布局，规划到“十四五”末，在全省23个重点县区，新建共享储能电站27个，建设规模约500万千瓦
2021年12月	内蒙古	《内蒙古自治区人民政府办公厅关于加快推动新型储能发展的实施意见》	全面推动系统友好型新能源电站建设。根据电力系统运行需求结合新能源资源开发，全面推进系统友好型新能源电站发展模式，实现储能与新能源电源的深度融合。支持鼓励已并网的新能源项目配套建设新型储能
2022年3月	内蒙古	《内蒙古自治区人民政府办公厅关于推动全区风电光伏新能源产业高质量发展的意见》	自建、购买储能或调峰能力配建新能源项目。有新增消纳空间的项目，可以采用自建、购买储能或调峰能力配建新能源项目。通过新增抽水蓄能、化学储能、空气储能、气电、光热电站等储能或调峰能力，多渠道增加可再生能源并网规模
2021年12月	黑龙江省	《黑龙江省建立健全绿色低碳循环发展经济体系实施方案》	发展新型储能

续表

日期	地区	文件名称	核心内容
2021 年 9 月	黑龙江省	《黑龙江省“十四五”科技创新规划》	开展压缩空气储能、高温储能、熔盐电化学储能、飞轮储能等关键技术的研究与设备研制
2022 年 4 月	上海市	《上海市能源发展“十四五”规划》	支持低成本、高安全和长寿命的储能技术发展，积极研究新型储能技术
2022 年 1 月	江苏省	《江苏省政府关于加快建立健全绿色低碳循环发展经济体系的实施意见》	促进光伏与储能、微电网融合发展，推动光伏综合利用平价示范基地建设
2022 年 6 月	浙江省	《浙江省“十四五”新型储能发展的通知》	到 2025 年，全省新型储能技术创新能力显著提高，核心技术装备自主可控水平大幅提升，标准体系基本完善，产业体系日趋完备，商业模式基本成熟，参与电力市场机制基本健全，有效提升高比例新能源接入后系统灵活调节能力和安全稳定水平
2021 年 11 月	浙江省	《关于浙江省加快新型储能示范应用的实施意见》	2021—2023 年，全省建成并网 100 万千瓦新型储能示范项目，“十四五”力争实现 200 万千瓦左右新型储能示范项目发展目标。与新型电力系统发展相适应，重点支持集中式较大规模（容量不低于 5 万千瓦）和分布式平台聚合（容量不低于 1 万千瓦）新型储能项目建设，为电力系统提供容量支持及调峰能力。鼓励探索开展储氢、熔盐储能及其他创新储能技术的研究和示范应用
2022 年 5 月	浙江省	《浙江省能源发展“十四五”规划的通知》	积极探索发展新型储能设施，试点建设氢储能和蓄冷蓄热储能等项目，建成一批电源侧、电网侧和用户侧的电化学储能项目
2021 年 6 月	福建省	《福建省“十四五”制造业高质量发展专项规划》	开发适用于长时间大容量、短时间大容量、分布式以及高功率等模式应用的先进压缩空气储能、梯次利用电池储能等高效光储、风储设备，加快风光火储互补、先进燃料电池、高效储能等关键技术和智能控制系统研发及产业化
2022 年 5 月	江西省	《江西省“十四五”能源发展规划》	开展一批新型储能试点项目建设。鼓励电、光伏等新能源项目配套建设一定比例的储能设施

续表

日期	地区	文件名称	核心内容
2022 年 4 月	山东省	《山东省人民政府办公厅关于印发“十大创新”“十强产业”“十大扩需求”2022 年行动计划的通知》	启动首批可再生能源制氢示范、第二批新型储能示范项目，推动新能源场站合理配置储能设施，支持枣庄储能产业基地项目建设，不断提升氢能及燃料电池、新型储能装备科技研发和装备制造水平，形成先发优势
2021 年 12 月	河南省	《河南省“十四五”现代能源体系和碳达峰碳中和规划的通知》	加快储能产业发展。积极开展新型储能技术和装备研发，协同推进先进物理储能、化学储能技术创新，加强大规模储能系统集成与控制技术突破。大力推进可再生能源领域储能示范应用，促进储能系统与新能源、电力系统协调优化运行。开展压缩空气储能、利用废弃矿井建设无水坝抽水储能试点，鼓励增量配电网、大数据中心等配套建设储能设施。加快储能商业模式和管理机制创新，推动电网侧储能合理化布局和用户侧储能多元化发展。争取储能产业相关上下游企业在我省布局，带动储能产业链延伸发展
2022 年 4 月	湖北省	《湖北省能源发展“十四五”规划》	开展压缩空气储能、飞轮储能等机械储能和其他化学储能技术攻关
2022 年 1 月	四川省	《四川省人民政府办公厅关于加快发展新经济培育壮大新动能的实施意见》	完善智能电网、分布式能源、新型储能等新能源产业链
2022 年 5 月	云南省	《云南省“十四五”制造业高质量发展规划》	发挥绿色能源新优势，培育发展新一代规模储能装备。重点发展规模储能用锂离子电池、铅碳电池、液流电池、钠离子电池、金属空气电池、压缩空气储能、飞轮储能与大容量超级电容储能等储能装备
2022 年 2 月	青海省	《青海省“十四五”能源发展规划》	积极发展优质调峰电源、加快推动黄河上游梯级储能电站建设、全面推进电化学等新型储能设施建设。积极开展电化学、压缩空气等各类新型储能应用。依托青海盐湖资源优势，积极推广新能源+储能模式，开展压缩空气、飞轮等储能试点

7.1.2 相关政策分析

（1）新型储能迎来历史性发展机遇

2021年8月，国家发展改革委、国家能源局联合发布《关于加快推动新型储能发展的指导意见》，提出到2025年新型储能装机规模达3000万千瓦以上。2022年3月，《“十四五”新型储能发展实施方案》进一步明确新型储能发展目标和细化重点任务。在此背景下全国多个省份也陆续提出了“十四五”新型储能装机目标，其中青海、甘肃等西北地区对储能需求最大，均达到6000MW，内蒙古提出了5000MW的装机目标。

《内蒙古自治区人民政府办公厅关于推动全区风电光伏新能源产业高质量发展的意见》《河北省“十四五”新型储能发展规划》《河南省“十四五”现代能源体系和碳达峰碳中和规划的通知》《湖北省能源发展“十四五”规划》《青海省“十四五”能源发展规划》中都更明确地提出要加大压缩空气储能技术研发力度和示范应用，积极探索商业化发展模式，开展规模化试点示范。同时，以上各省在废旧煤矿、地下盐穴等方面有着较好的资源，是在政策和资源层面更好地支持压缩空气储能项目的省份。

（2）配建储能

2021年8月，国家发展改革委、国家能源局联合发布《关于鼓励可再生能源发电企业自建或购买调峰能力增加并网规模的通知》，明确了风光发电保障性规模和市场化规模配储的要求。为鼓励发电企业市场化参与调峰资源建设，我国绝大多数省份都已经对风电、光伏电站相关储能设施建设提出了要求，多数省份要求强制建设10%~20%功率、时长2小时的储能设施。在强制配储政策的刺激下，储能行业需求出现了井喷现象，行业快速壮大。对于配建形式的储能，应合理规划储能与可再生能源协调发展。按照实现整个电力系统安全运行和效率最优的原则，在规划新能源发展配置储能比例时，对储能的配置要求进行精细的计算，提出相应的储能配比及解决方案。

（3）独立储能

2022 年 5 月国家发展改革委、国家能源局《关于进一步推动新型储能参与电力市场和调度运用的通知》中明确，新型储能可作为独立储能参与电力市场。具备独立计量、控制等技术条件，接入调度自动化系统可被电网监控和调度，符合相关标准规范和电力市场运营机构等有关方面要求，具有法人资格的新型储能项目，可转为独立储能，作为独立主体参与电力市场。鼓励以配建形式存在的新型储能项目，通过技术改造满足同等技术条件和安全标准时，可选择转为独立储能项目。

（4）电网辅助

2021 年 12 月国家能源局《电力辅助服务管理办法》中提出，将电化学储能、压缩空气储能、飞轮等新型储能纳入并网主体管理，鼓励新型储能、可调节负荷等并网主体参与电力辅助服务。

（5）新型储能的成本回收机制还在摸索中

2022 年国家发展改革委价格成本调查中心发布《完善储能成本补偿机制，助力构建以新能源为主体的新型电力系统》，该文聚焦了储能行业面临的成本疏导不畅等共性问题，要求综合考虑各类储能技术应用特点、在新型电力系统中的功能作用和提供的服务是否具有公共品属性等因素，研究提出与各类储能技术相适应，且能够体现其价值和经济学属性的成本疏导机制，为促进储能行业发展创造良好的政策环境，从而引导提升社会主动投资意愿。

总体而言，压缩空气储能也需进一步实施峰谷电价和储能电价政策，对储能的购电价格、放电价格、输配电价格以及结算方式等方面制定单独的交易电价政策，在经济基础较好、市场化程度高的地区，加快探索储能容量电费机制。建议国家和地方层面形成共识，开放储能的电力市场身份，明确独立储能设施并网、接入方式等具体的实施细则，允许其作为独立市场主体开展运营：

1）进一步实施峰谷电价和储能电价政策，对储能的购电价格、放电价格、输配电价格以及结算方式等方面制定单独的交易电价政策，在经济基础较好、市场化程度高的地区，应加快探索储能容量电费机制。

2）合理规划储能与可再生能源协调发展。按照实现整个电力系统安全运行和效率最优的原则，在规划新能源发展配置储能比例时，对储能的配置要求进行精细的计算，提出相应的储能配比及解决方案。

3）加快完善“分布式+储能”系统标准，保障我国“分布式+储能”更安全、更有效的发展。

7.1.3 建设成本简析

压缩空气储能项目进展与每千瓦投资、项目装机容量关系见图 7.1-1。压缩空气储能电站的机组容量随着技术迭代更新正逐步增大，每千瓦投资在逐步减少，相应的期建设成本仍处于下降过程中。目前在建项目单位千瓦投资约 8000 元，已与中小型抽水蓄能电站建设成本相当；部分可研阶段和规划阶段的压缩空气储能项目，估算投资 5000~6000 元，已与大型抽水蓄能电站相当。

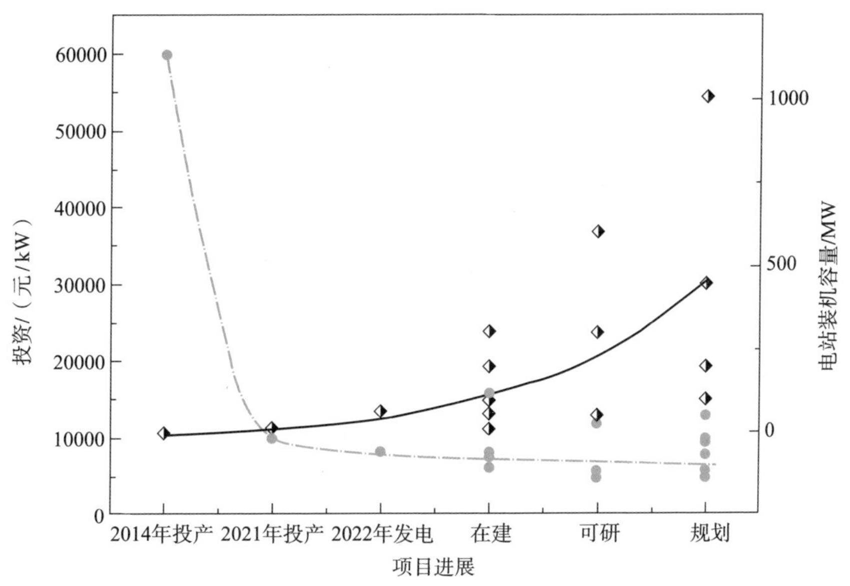

图 7.1-1 压缩空气储能项目进展与每千瓦投资、项目装机容量关系

压缩空气储能建设成本主要包括设备费、储气库费、建筑工程费、安装工程费、其他费用等，根据某项目可研报告，各类设备及安装成本占项目初始投资的50%，建筑工程占比32%，其他费用占18%。如果机组规模达到百兆瓦级，设备全部采用国产的情况下，总投资成本能下降30%左右。此外，目前先进绝热压缩空气储能系统与槽式光热系统、传统火电系统等有机耦合技术正在不断发展，系统效率不断提高、投资成本将不断降低。

7.2 压缩空气储能技术适用场景分析

压缩空气储能电站在建单机容量已达100MW~300MW，可利用小时数4h以上，响应时间为分钟级，初步具备与小型抽水蓄能电站相当的调节能力和性能。为了研究新型压缩空气储能技术在上述应用场景下适用性，有必要分析不同场景对压缩空气储能系统的技术需求，并对其电网适应性进行研究。

7.2.1 削峰填谷场景

电力的需求随昼夜变化和季节变化呈现显著的峰谷差，近年来，市场对电力的需求持续增长，电网负荷峰谷差不断变大，在某些地区电网中的负荷峰谷差甚至达到30%以上，且近年来峰谷差呈现递增的趋势。电网峰谷差给发电和电力调度造成困难。随着电网峰谷差的日益加剧，大容量储能技术已成为电力系统的重要选择，既可消减电网高峰供电压力，又可消纳低谷电能，有助于减少电网对发电设备的投资，提高电力设备的利用率，减小线路损耗，提高供电可靠性，促进电力系统的经济可靠运行。同时伴随着电网规模不断扩大和复杂性日益加剧，电网发生大面积停电故障的风险也不断加大，电网的安全运行带来一定的隐患，而当今社会人们对电能的依赖越来越强，如何在系统发生停电事故时快速恢复供电是亟须解决的问题。因此，有必要发展大容量、高效率的储能技术，有效缓解电网高峰供电压力，同时提供事故备用，进而保证电网安全、经济运行。

国际上已建的两座商业化运行的压缩空气储能电站，均用于削峰填谷场景，分别为1978年投入商业运行的德国Huntorf电站和1991年投入商业运行的美国McIntosh电站。两座电站运行模式为：电站在电力系统负荷低谷时压缩空气并存储起来消纳富余电力，在负荷高峰时，将存储的高压空气通过换热系统和膨胀发电系统转化为电能向电网馈电，起到“削峰填谷”的作用，促进电力系统经济运行。

已投运的抽水蓄能电站主要用于削峰填谷场景的大容量储能需求。同时，压缩空气储能电站能量释放时间为小时级以上，功率等级为百兆瓦级，也具备服务电网削峰填谷需求的能力。类比抽水蓄能电站，此种应用场景的主要回收和盈利模式是争取执行两部制电价政策，以竞争性方式形成电量电价，建立将容量电费纳入输配电价回收的机制，通过峰谷价差获得新增利润。为获得更高的利润，压缩空气储能的核心问题是要尽量提高能源转换效率。

7.2.2 电源侧可再生能源消纳场景

我国风能资源和太阳能资源主要分布于西北地区，当地的电能消纳能力不足，必须进行远距离外送。在风电场和光伏发电场配备相应比例的储能系统是解决风电和光伏发电并网问题的有效途径。储能系统能够在电网无法消纳风电和光伏发电的情况下，将原本会弃掉的风电和光伏发电储存起来，有效避免弃风、弃光。因此，可通过储能装置及其配套设备，再辅之以有效的协调控制手段，打造新能源基地，确保并网系统的安全稳定，从而提高新能源消纳水平。

新能源配套储能政策，已经成为电源侧储能的最大助推力量。截至2022年已有32个省份发布新能源配储政策。其中多地市对分布式光伏提出配套建设储能的要求，以山东枣庄配储规模要求最高，为装机容量的15%~30%、时长2~4h。此前，仅有内蒙古2021年保障性并网集中式风电、光伏发电项目优选结果中提出按15%~30%配储、时长2h。其余省份要求储能配比5%~20%，储能时长以2h为主。目前新能源配套的储能设施以电化学为主，另有一些光热储能等。

总体而言，由于新能源发电的不稳定性，电源侧储能不能稳定地“削峰填谷”运行，年利用小时数可能也不高。在此种应用场景下，应以整个能源基地上网电量为整体，衡量储能的经济效益，确定储能装机规模和储能时长。

假设新能源基地配备储能条件下，储能可不考虑充电成本（利用风光弃电），则储能度电成本与转换效率无关，核心在于降低建设成本和运维成本。

7.2.3 电网辅助服务场景

电网辅助服务是作为电力系统的“稳定器”“调节器”“平衡器”，包括电网调频、调相等功能。

电网频率是电力系统运行的一个重要的质量指标，直接影响着负荷的正常运行。系统负荷功率时刻都在发生变化，使得系统频率发生一定的波动，同时随着电网中接入越来越多的风电和光伏发电，导致系统的净负荷波动性变得更加显著，频率的波动会影响到电力系统中许多用电设备的安全经济运行，因此必须将频率控制在一定范围内。国家标准《电能质量电力系统频率允许偏差》（GB/T 15945—1995）规定，电力系统频率控制在（50±0.2）Hz 范围内的时间应达到98%以上。

压缩空气储能系统所用的膨胀发电机组和燃气轮机组工作特性类似，同样具备二次调频的能力，考虑压缩空气换热温差远远小于燃气轮机组，因此，同样等级下，其频率调节速度远远快于燃气轮机组。

压缩空气透平发电机组即使在调峰时段也可起到支撑电网电压的作用，但受有功电流的限制，机组的无功调节能力十分有限。如果考虑调峰任务完成后不停机而使透平发电机作调相运行，一方面，可充分利用发电机的容量，挖掘机组电压支撑潜力。另一方面，机组始终运行在同步转速作为旋转备用，可以实现调相模式和发电模式的灵活切换。此种应用场景下，系统运行时应根据电网日负荷曲线合理安排发电和调相计划。

另外，根据新型电力系统建设要求，首先实现电力增量由新能源替代，再实现火电逐步退出、新能源为主体的远景目标，前者对储能的需求主要是削峰填谷和促进消纳，后者对储能的需求主要是提供电力系统备用容量。压缩空气储能具有装机规模大、储能时间长、响应启动快的优点，相比抽水蓄能电站，没有对地形和水源的要求，如采用地面储气罐，则对地质条件的要求也不高；相比于化学电池，寿命长、安全性更高，且具有转动惯量。在不同储能技术中，压缩空气储能更适用于利用退役火电厂厂址改造的情景，同时如部分利用火电厂已有设备，存在造价进一步降低的可能。

7.2.4 用户侧服务场景

用户侧作为电能“发—输—配—变—用”的最后一个环节，直接消耗电能（能源）以服务经济社会发展。服务于用户侧储能的需求来自降低用电成本和提高用户侧电能可靠性等。对于压缩空气储能而言，还有一种面向用户的特殊场景，即“冷—热—电”联供，更为充分地利用压缩—发电过程中的冷、热能。对于一些工业园区、产业园等耗能单位，统筹考虑其能源利用形式，可提高系统效率。

此外，压缩空气储能规模范围在10MW~300MW，储气时长可从分钟级到小时级，储气装置也可利用地面储气罐，具有规模灵活、布置灵活的特征，对分布式电力系统更具有适应性，可能使用户获得较低的电费水平。

7.3 全生命周期度电成本测算

国内尚未对压缩空气储能系统经济性的数学模型及特性进行深入研究，更缺少针对先进压缩空气储能系统耦合其他系统的热经济和经济性评价的标准制定，制约了压缩空气储能电站的商业投资。2022 年 4 月 13 日，国家发展改革委价格成本调查中心发布《完善储能成本补偿机制，助力构建以新能源为主体的新型电力系统》，其中提出针对在电源侧、电网侧和用户侧三个不同的应用场景，研究确立各类储能在构建新型电力系统中的功能定位和作用价值，加快制定各类储能在不同应用场景下的成本疏导机制，开展各类储能技术在新型电力系统相同应用场景下的经济性比较研究。

储能电站目前的主要盈利模式有：新能源电站配置储能减少弃电、参与调峰；电网侧参与调峰调频；用户侧“谷充峰放”的价差等。根据我国已建储能电站的实际运行情况，储能电站的收益和储能的放电电量直接相关。根据文军等①提出的基于储能放电电量的全生命周期度电成本算法，用于评估新能源配套储能、电网调峰和用户侧储能等应用场景下压缩空气储能的经济性。

在电力项目经济评价的方法中，平准化电力成本（Levelized Cost of Electricity，LCOE）是一种用于分析各种发电技术成本问题的主要指标。对于各种储能技术，以储能系统的放电电量为基准，可采用平准化电力成本方法来分析比较不同的储能技术的成本。具体算法为：

为体现投资的时间价值，采用净现值法计算储能电站的收益。净现值指把项目计算期内各年的净现金流量按照一个给定的标准折现率折算到计算期期初的现值之和，即项目总收入的现值总额和项目总支出的现值总额的差额，可表示为：

$$V_{NPV} = \sum_{n=0}^{N} C_{I,n}(1+r)^{-n} - \sum_{n=0}^{N} C_{O,n}(1+r)^{-n} \qquad (7.3\text{-}1)$$

式中：$C_{I,n}$为第 n 年的现金流入；

$C_{O,n}$为第 n 年的现金流出；

r 为标准折现率或基准收益率。

对于储能项目，现金流入为放电电量的电费收入和其他来源收入（补贴、两部制电价中的容量电费收入等），可表示为：

$$C_{I,n}=A_nP+B_n \qquad (7.3\text{-}2)$$

式中：A_n 为第 n 年的上网放电电量；

① 文军，刘楠，裴杰，等．储能技术全生命周期度电成本分析［J］．热力发电，2021，50（8）．

P 为放电电量的上网电价；

B_n 为第 n 年的其他来源收入。

现金流出为第 0 年的初次投资支出，投运后每年的运营维护费支出、替换费用支出、充电电费支出、贷款的还款支出、税费支出以及寿命到期后的回收支出。将式（7.3-2）代入式（7.3-1），且令 $V_{NPV}=0$，可解得放电电量电价为：

$$P=\frac{\sum_{n=0}^{N}(C_{O,n}-B_n)(1+r)^{-n}}{\sum_{n=0}^{N}A_n(1+r)^{-n}} \tag{7.3-3}$$

此放电电量电价即为全生命周期储能度电成本，其意义为全生命周期内支出成本和其他收入来源之差的净现值与能量产出的时间价值之比。全生命周期储能度电成本还可以理解为单位能量产出的价格，在这个价格上净现值等式可以实现，投资者的收益率正好达到基准收益率（折现率）。

其中，储能系统在全生命周期的成本（即支出）包括初次投资成本、维护运营成本、替换成本、充电成本和后续的回收成本。

年上网电量指储能系统每年向电网输送的电量，与储能容量、自放电率、循环衰退率、年循环次数和放电深度有关。每年的放电总量 E 可表示为：

$$E=\sum_{i=0}^{N_y}Q_E(1-\eta_{\text{sefl}})(1-i\eta_{\text{deg}})\theta_{\text{DoD}} \tag{7.3-4}$$

式中：i 为第 i 次放电；

η_{sefl}为自放电率；

η_{deg}为每次循环储能容量的衰退率。

全生命周期内的总上网电量净现值 E_{total}可表示为：

$$E_{\text{total}}=\sum_{n=1}^{N}\frac{E_n}{(1+r)^n} \tag{7.3-5}$$

以抽水蓄能、压缩空气储能和磷酸铁锂电池储能 3 种大规模储能技术为例，采用前述算法计算其全生命周期成本。考虑了建设成本、运维成本、储能成本，对比抽水蓄能、中小型抽水蓄能、压缩空气储能 2022 和

2025（“十四五”末发展水平）、电化学储能5种储能形式，不同储能方式全生命周期度电成本测算见表7.3-1。压缩空气储能当前度电成本水平与中小型抽水蓄能电站相当，“十四五”末度电成本水平与大型抽水蓄能电站相当，二者均远低于电化学储能。为尽量降低成本、获得更高利润，压缩空气储能的核心是尽量提高能源转换效率。

表7.3-1　不同储能方式全生命周期度电成本测算

项目	抽水蓄能	中小型抽水蓄能	压缩空气储能2022	压缩空气储能2025	磷酸铁锂电池储能
储能容量 Q_E/MWh	1800	300	300	1500	10
装机容量 WP/MW	300	50	60	300	10
初次投资成本 Cinv/万元	165000	50000	48000	180000	1700
单位容量维护成本 UE，OM/（万元/MWh）	1	1	0.2	0.2	2
单位功率维护成本 UP，OM/（万元/MW）	2	2	1.5	1.5	2
运营人工成本 Clabor/万元	1140	700	300	400	15
年运行维护总成本 COM/万元	3540	1100	450	1150	55
单位容量替换成本 UR/（万元/MWh）	0	0	0	0	90
报废成本率 F_{EOL}/%	0	0	0	0	0
折现率 r/%	8	8	8	8	8
储能效率 η_{rt}/%	75	75	60	70	88
放电深度 θDoD/%	100	100	100	100	90
使用寿命 N/a	50	50	30	30	20
循环衰退率 θ_{deg}/（%/次）	0	0	0	0	0.004
循环次数 Ny/（次/a）	330	330	330	330	330
充电电价/（元/kWh）	0.3	0.3	0.3	0.3	0.3
年上网电量/万 kW	59400	9900	9900	4950	295
用电成本/（元/kWh）	0.636	0.856	0.904	0.717	1.167

相比于削峰填谷应用场景，假设压缩空气储能在可再生能源消纳场景下不考虑充电成本，利用弃风弃光发电量充电。不考虑充电电价（利用弃风弃光充电）时度电成本见表7.3-2，压缩空气储能更接近于大型抽蓄电站水平。

表 7.3-2 不考虑充电电价（利用弃风弃光充电）时度电成本

单位：元/kWh

大型抽水蓄能	中小型抽水蓄能	压缩空气储能 2022	压缩空气储能 2025	磷酸铁锂电池储能
0.265	0.485	0.441	0.321	0.849

由以上计算可看出，在不考虑充电电价的情况下，各储能技术的度电成本与充放电效率无关，只与初投资成本和运维成本相关。另外估算中的运行方式（循环次数）主要是电网削峰填谷场景的数据，对于可再生能源基地的情况，年运行小时数可能会降低，则压缩空气储能成本较抽水蓄能成本差值会进一步缩小。

相比于削峰填谷应用场景，压缩空气储能在可再生能源消纳场景下（不考虑充电成本）更为有利。下一步压缩空气储能的发展方向应是进一步降低初始投资成本和运维成本，研究压缩储电过程对可再生能源不稳定出力的适应性，以及延长设备寿命进而延长电站寿命等。

8

展　望

（1）压缩空气储能的主要技术特点

压缩空气储能技术较为成熟，电站装机规模、使用寿命、调节性能等与中小型抽水蓄能电站基本相当，且随着单机规模增加和建设成本下降，将逐渐趋近大型抽蓄电站的作用和效益。压缩空气储能电站与抽水蓄能电站相比，不受水资源限制，具有建设周期短、建设征地少和环保问题小等优点；但额定工况下效率60%~65%，较抽水蓄能低。与电化学储能相比，具有储能规模大、放电时间长、使用寿命长、安全性较高的优点。

装机规模和转换效率上，目前60MW级压缩空气电站已投运，实测（额定功率）转换效率61.2%；100MW级电站处于示范建设阶段，设计转换效率65%~75%仍待验证；200MW~300MW级电站处于研发阶段。通过对现阶段设备研发制造能力的调研，大型高功率压缩机的设计制造仍需技术研发，且压缩机实现单机300MW级仍存在很大难度和瓶颈。现阶段可通过多台小规模机并联/串联实现，但存在成本高、效率降低的问题。

（2）储气库建设

大型压缩空气储能多配备地下储气库，主要有三种形式：利用盐穴、开挖硬岩硐室、利用矿洞改造。现阶段已有肥城、金坛利用盐穴建设压缩空气储气库，并且有多个大规模的规划项目（300MW级）拟利用盐穴储气。300MW×6h压缩空气储能电站预计需要储气容量40万立方米，建设规模总体可控，储气库建设成本占比不高。新建硐室可在岩石条件较好的地区开展地下储气库选址，在场地适应性、建设地质条件和运维条件上具有优势，拓宽了大型压缩空气储能的应用范围。改造废弃煤巷储气主要问题为矿井水和有毒有害气体可能会渗（涌）入，防护和处理代价可能会很高。采用地面储气钢罐造价最高，经济性最差，但布置条件最优，可更靠近负荷中心，为进一步降低单价，应在高分子材料、钢混复合结构容器等方面开展研究。

（3）工程建设及运行成本

压缩空气储能电站的机组容量随着技术迭代更新正逐步增大，每千瓦投资在逐步减少，相应的期建设成本仍处于下降过程中。基于不同应用场景的初步分析表明，相比于削峰填谷应用场景，压缩空气储能在可再生能源消纳场景下（不考虑充电成本），度电成本低于中小型抽蓄电站，更接近大型抽蓄水平，具有一定的经济竞争力。考虑到西北地区抽水蓄能电站存在水源条件差、建设和运行成本高等问题，随着压缩空气储能建设成本的逐渐下降，竞争力将逐步提高。

（4）技术发展趋势判断

随着项目增多和产业发展，压缩空气储能的建设成本不断下降，在特定场景具有较强竞争力，并具备规模化发展的潜力。压缩空气储能技术正由100MW级示范应用阶段，转向规模化、商业化发展。目前，100MW级压缩空气储能项目已逐步投入示范应用，一大批压缩空气储能项目也处在规划或设计阶段，装机规模逐步扩大，但100MW级电站运行经验仍需积累，压缩空气储能技术仍需迭代升级，由100MW提升至200MW或300MW还需一定时间。300MW的压缩机可采用小容量机组联合组成。

（5）行业发展政策与竞争分析

压缩空气储能作为一种新型储能技术，目前仍没有明确的电价政策和成本回收机制。但国家发展改革委、国家能源局以及地方能源主管部门也陆续出台了政策，相关部门对于压缩空气储能也持支持态度。后续需促进压缩空气储能的购电价格、放电价格、输配电价格以及结算方式等方面的政策尽快出台，在经济基础较好、市场化程度高的地区，加快探索储能容量电费机制。

（6）发展方向

建议结合示范项目建设，进一步开展以下技术研发和研究工作：

1）大规模、高效率空气压缩机技术。

2）系统工艺优化设计等提升能量转换效率的关键技术。

3）压缩机运行过程对可再生能源不稳定出力的适应性，进一步明确其配合新能源并网的调节能力。

4）压缩空气储能项目建设管理和产业链。

5）压缩空气储能运行管理。

6）压缩空气储能电价政策。